游戏动漫设计系列丛书　丛书主编 ⊙ 沈渝德　王波

游戏设计概论

张　娜 ⊙ 主　编

左　宏　姜　楠 ⊙ 副主编

U0240749

西南师范大学 出版社

国家一级出版社 全国百佳图书出版单位

图书在版编目（CIP）数据

游戏设计概论 / 张娜主编. -- 重庆 ： 西南师范大
学出版社，2015.1
（游戏动漫设计系列丛书）
ISBN 978-7-5621-7073-0

Ⅰ．①游… Ⅱ．①张… Ⅲ．①游戏－软件设计 Ⅳ.
①TP311.5

中国版本图书馆CIP数据核字(2014)第232436号

游戏动漫设计系列丛书　　沈渝德　王波　丛书主编

游戏设计概论

张　娜　主　编

左　宏　姜　楠　副主编

责任编辑：王　煤
封面设计：仅仅视觉
版式设计：王石丹
出版发行：西南师范大学出版社
　　　　　中国·重庆·西南大学校内
　　　　　邮编：400715
　　　　　网址：www.xscbs.com
经　　销：新华书店
排　　版：重庆大雅数码印刷有限公司·刘锐
印　　刷：重庆康豪彩印有限公司
开　　本：889mm×1194mm 1/16
印　　张：9.75
字　　数：210千字
版　　次：2015 年 8 月　第 1 版
印　　次：2015 年 8 月　第 1 次印刷
书　　号：ISBN 978-7-5621-7073-0

定　　价：48.00 元

游戏动漫设计系列丛书
丛书编审委员会

PREFACE 序

近年来，随着科学技术的发展和现代社会的进步，数码媒介与技术的蓬勃兴起使得相关的艺术设计领域得到了迅猛的发展并受到了广泛的关注。近十年来，我国的游戏产业迅猛发展，正在成为第三产业中的朝阳产业。数字游戏已经从当初的一种边缘性的娱乐方式成为目前全球娱乐的一种主流方式，越来越多的人成为游戏爱好者，也有越来越多的爱好者渴望获得专业的游戏设计教育，并选择游戏作为他们一生的职业。同时，随着数字娱乐产业的快速发展，消费需求的日益增加，行业规模不断扩大，对游戏设计专业人才的需求也急剧增加。

从我国目前游戏设计人才的供给情况来看，首先，我国从事游戏产业的人员大多是从其他专业和领域转型而来，没有经历过对口的专业教育，主要靠模仿、自学、企业培训以及实践经验积累来提升设计能力，积累、掌握的设计方法、设计思路、设计技术也仅限于企业内部及产业圈内的交流和传授。其次，我国开设游戏设计专业的高校数量较少，目前在全国重点艺术院校中开设游戏设计相关专业方向的仅有中国美术学院、四川美术学院、中国传媒大学、清华大学美术学院（第二学位）、北京电影学院等少数几所，游戏设计专业课程体系的建立以及教学内容的完善还处于摸索、积累、完善的阶段。作为游戏产品的关键设计内容以及艺术类院校游戏设计专业核心教学内容的游戏美术设计，更是迫切需要优化课程板块，梳理课程内容，依托专业基础，结合设计开发实践经验与行业规范，形成一套相对系统、全面，适应专业教学与行业需求的系列教材。这套游戏动漫设计系列丛书，正是适应这一需求，为满足专业教学实践而建构的较为完整、全面的主干课程教材体系。

游戏产品的开发环节和开发内容主要包括游戏策划、游戏程序开发以及游戏美术设计，策划是游戏产品的灵魂，程序是游戏产品的骨架，而游戏美术则是游戏产品的"容颜"，彰显着游戏世界的美感。游戏美术设计的内容和方向主要包括游戏角色概念设计、游戏场景概念设计、三维游戏美术设计、游戏

1

动画设计、游戏界面（UI）设计、游戏特效设计等。本套教材完整包含这些核心设计内容，内容设计较为合理完善，对于构建专业教学课程体系具有较高的参考价值与实用意义。同时，本套教材的作者均来自于专业教学及产品开发第一线，并且在教材选题阶段就特别强调了专业性与规范性，注重教材内容设计、内容描述的条理性、逻辑性以及准确性，并严格按照行业规范进行了统筹安排。

随着市场竞争的加剧，产品同质化突显，游戏产业对游戏设计专业人才的需求在质量上提出了更高、更严的要求。企业和研发机构将越来越看重具备复合性、发展性、创新性、竞合性四大特征的高级游戏设计人才。通过广泛调研以及近年的教学实践和教学模式探索，我们就当前高级游戏设计人才的培养必须具有高创造性、高适应性、高发展潜力，具有国际化的视野和竞合性，既要具有较强的产品创新与设计创意能力，又要具有较强美术创作实践能力方面达成了共识。为了体现这一共识，本套教材中的教学案例基本来自于作者的教学或开发实践，并注重思路与方法的引导，充分展现了当前的最新设计思路、技术路线趋势，体现了教学内容与设计实践的紧密结合。

从以上几个方面来规划和设计的游戏专业教材目前比较少，而游戏设计专业的教学和实践开发人群都比较年轻，虽然他们对于教材相关内容都有着自己的研究、实践和积累成果，但就编写教材而言还缺少经验，需要各位同行和专家提供宝贵的意见和建议，不吝加以指正，以便进一步改进和完善。尽管如此，我们依然相信这套教材的出版，对于游戏设计专业课程体系的建设具有非常积极的推动作用和参考价值，能够使读者对游戏美术设计有一个系统的认知，在培养和增强读者的游戏美术设计能力、制作能力、创意创作能力方面提供重要的引导和帮助。

沈渝德　王波

CONTENTS 目录

第一章
进入游戏的世界

第一节 游戏设计的含义

一、游戏的定义

"游戏"在汉语中的常用词义有两点：一是指游乐嬉戏、玩耍；二是指一种文娱活动。《现代汉语词典》中游戏的含义包括智力游戏，如拼七巧板（图1-1-1）、猜灯谜、玩魔方等；活动性游戏，如捉迷藏、抛手绢、跳皮筋（图1-1-2）等几种。

在英语中，"游戏"有两种常用词义：一是提供娱乐或消遣的活动；二是竞争性的活动或体育运动，选手们按一系列规则进行竞争赛。

游戏作为社会活动中的一部分，一直贯穿于人类文明的整个历史。进入20世纪后，随着电子信息技术的迅速发展，特别是电子计算机的发明，为我们带来一种全新的游戏类型——电子游戏。本章将对游戏概念及相关知识进行介绍，为游戏专业人员形成正确的游戏概念和学习后续章节打下基础。

关于游戏，亚里士多德认为："游戏是劳作后的休息和消遣，是本身并不带有任何目的性的一种行为活动。"从此角度讲，看电视、听音乐、跳舞、下棋、打牌等，虽然进行方式、规则及操作群体上各不相同，但都可以算是一种"游戏"。我国《辞海》中对"游戏"的解释为："以直接获得快感为主要目的，且必须有主体参与互动的活动。"其中的解释说明了游戏作为一种娱乐方式的目的性，虽然不像西方传统认为那样的广泛，但指出了游戏的另一个重要特征：主体参与互动。主体参与互动是指主体的动作、语言、表情等变化与获得快感的刺激方式及刺激程度有直接联系。

一般认为，游戏是一种基于兴趣的需要、为主体的快乐得到满足，以轻松的心态完成的互动

图1-1-1 智力游戏——拼七巧板

图1-1-2 活动性游戏——跳皮筋

过程，其过程充满了竞争和机会，有着明确的目标和规则，其结果是事先不确定的。因此看电影、听音乐、读书等单方面被动接受、不产生互动的娱乐活动显然不属于游戏的范畴，但随着科技的发展，电影、电视、音乐等传统的被动方式也出现了互动的方式。

随着人类的历史和认识水平的发展，出现及盛行的游戏也逐渐增多，但大体可以归纳为三大基本形式。（图1-1-3）

第一种是需要在专门建造的场地上进行的游戏，以我们熟悉的体育竞技类游戏为主，这也是最古老和最常见的一种游戏形式。如古代的骑射、马球，现代的足球、赛车，这种游戏往往表

图1-1-4 号称世界第一运动的足球

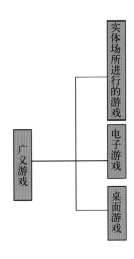

图1-1-3 广义游戏的三种基本形式

图1-1-5 桌面游戏《卡梅洛阴影》（Shadows over Camelot）

图1-1-6 桌面游戏《卡梅洛阴影》里的角色卡、棋子和道具

现出较强的竞争性，继而随流行性的增加演变为竞赛性质的游戏。在其中需要花费较多的体力。例如被誉为世界第一运动的足球(图1-1-4)，是两支队伍在同一场地内进行互相攻守的体育运动项目，其就是由古人劳作之余的娱乐游戏演变发展而成。它具有广泛的群众基础和影响力，强调对抗性和配合，集中体现了人类运动美感。

第二种是不需要大规模的场地和要求的游戏，对游戏环境也没有特殊要求，单场游戏时间较短，一般称为桌面游戏（Board Game，简称BG）。扑克牌、象棋、麻将等就是日常生活中最常见的几种桌面游戏。但是桌面游戏不仅仅是上述棋牌游戏，任何在桌类平面上玩的游戏都包括在内。很多桌面游戏除了用到棋盘、棋子和纸牌等道具外，还会使用到模型、骰子、硬币等，唯独不需要其他电子设备的辅助。所以玩家也形象地称其为"无电游戏"。桌面游戏在欧美国家较为流行，非常强调面对面交流，因此非常适合与朋友或家庭聚会时大家一起玩。桌面游戏以智力对抗为主，是人类历史上一种更高级的游戏形式。"无电游戏"以其自身纯粹质朴的游戏性而独具魅力，所以很多电子游戏设计者大都会在桌面游戏中寻找灵感，或者测试新游戏创意的可玩性与耐玩性。

这类游戏的代表为《指环王》《战锤40000》《龙与地下城》《拿破仑战争》等。《卡梅洛阴影》（图1-1-5、图1-1-6）是一款典型的西方桌游。其故事背景是英国著名的圆桌骑士和圣杯传说。这款游戏堪称精美的艺术品，其桌面用具异常丰富：棋子、卡牌、特殊道具模型、地图、骰子等，道具繁多，规则也比较复杂，在这类游戏中有些道具模型会以零件形式发售，由玩家自己组装，极具游戏趣味性。

第三种是依托电子设备为平台进行的游戏。随着现代电子计算机技术的发展而出现的一种全新的游戏形式——电子游戏（视频游戏），即本书所讨论的狭义的游戏。电子游戏是通过电子设备（计算机、游戏机及移动通讯设备等）进行游戏的一种娱乐方式，它通过数字视频、音频技术，虚拟出一个游戏的环境，设置相应的障碍，以供玩家克服并取得成功的愉悦感，进而取得游戏乐趣。电子游戏通常使用显示屏作为信息的反馈介质，向玩家提供计算机处理游戏交互的结果。玩家通过输入装置控制游戏的整个过程。

电子游戏不仅集合了前两种游戏形式的优点，而且规避了前两种游戏形式在交互方面存在的不足。电子游戏是目前为止人类历史上最复杂和最先进的一种游戏形式，它是融合了人类社会的自然科学、人文科学与社会科学等多学科的技术集合。传统游戏或比赛的一切要素理论上都可以在各种电子游戏平台中得以实现。因此大量的

体育竞技游戏和桌面游戏都有对应的电子游戏版本，比如著名的足球游戏《FIFA》、赛车游戏《极品飞车》（图1-1-7）、龙与地下城游戏《博德之门》（图1-1-8）、棋牌游戏《斗地主》（图1-1-9）等。这种就是业界中"游戏移植"的概念。但目前业界更常见的另一种"游戏移植"是把一款热门的电子游戏从计算机平台移植到家用游戏机平台，或者从一种家用游戏机（例如PS3）移植到手机游戏平台的APPS中。本书将在后续的章节详细介绍电子游戏的各种具体平台分类、各种具体的家用游戏机硬件规格等知识。

《大富翁》是全球最大的电子游戏厂商EA，以孩之宝（Hasbro）超人气的桌面游戏为蓝本在2008年发布的同名游戏。《大富翁》通过微软公司的XBOX 360主机为平台，以全新的视觉效果和游戏的方式呈现了这款历久不衰的经典游戏，让各种年纪与不同技巧等级的玩家都能轻松上手。图1-1-10是桌面游戏《大富翁》的棋盘和两堆"机会卡"的实物展示，是移植自《大富翁》的电子游戏画面（图1-1-11），可以清楚地看出电子游戏画面更加拟真。

图1-1-7 赛车游戏《极品飞车》

图1-1-8 龙与地下城游戏《博德之门》

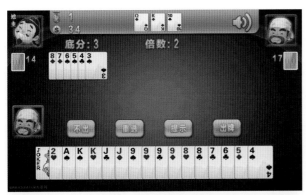

图1-1-9 棋牌游戏《斗地主》

图1-1-11 电子游戏《大富翁》

图1-1-12 著名的足球游戏《FIFA 2010》

再来看电子游戏《FIFA 2010》的画面（图1-1-12），和真正的球赛分析表基本一致，球星的虚拟人物也十分写实，有些大牌球星的习惯动作也被一一还原，这就是把实体场所进行的游戏运动移植到XBOX的游戏平台的一个例子。

二、游戏的特点

虽然游戏出现至今已有数千年历史，形式也各异，但是游戏的基本特点基本没有改变。无论是体育竞技游戏、桌面游戏还是电子游戏，它们都具有以下特点。

图1-1-10 桌面游戏《大富翁》的棋牌和"机会卡"

首先，游戏必须要有娱乐性。如果一种游戏让人感觉枯燥无味，人们就会失去对游戏的兴趣转而寻找其他的娱乐方式，如唱歌、跳舞等。但是这种娱乐性对于不同人群来说却存在着本质的差异，如有的玩家喜欢《侠盗飞车》之类的动作游戏，有的玩家则认为这种娱乐形式过于暴力。入门玩家喜爱的社区交友类网络游戏，在资深玩家看来就完全没有深度和挑战性，他们更愿意去玩一些具有游戏文化内涵的经典单机游戏。

其次，游戏必须具有互动性。游戏必须依托玩家的参与才能开始和进行。我们举一个反例，如观看电影，观众只能被动地观赏，观众对剧中人物的命运、情节发展没有任何影响。且反复播放剧情也不会发生改变。而游戏与电影的显著区别就是互动性，玩家的操作可以在屏幕上得到实时的反馈，进而影响游戏剧情的走向。且不同玩家甚至同一玩家重复操作剧情也会不同。也就是说，玩家决定了游戏的结果。因此，游戏才成了人们最喜爱的娱乐方式之一。电子游戏与电影可以有着相同的剧本，相同的表现方式，甚至于一些模型都可以通

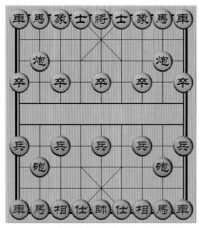

图1-1-13 中国象棋是对古代战争的模拟

图1-1-14 即时战略游戏《全面战争》

用，但是，游戏的互动性给玩家带来了和电影完全不同的娱乐体验。游戏的互动性对玩家的判断力与协调性都是一个极大的锻炼。

再次，游戏必须具备限制规则，即"游戏规则"或"游戏机制"。游戏规则包括：玩家在游戏中须达成的目标或完成的任务，玩家在游戏中可以实施的的活动及行为界限，游戏进行步骤和游戏预期目标和任务完成的判定条件。游戏规则是游戏的参与者甚至是大众一致认同并必须遵守的，并且不可随意调整。否则游戏将会失去公平性。体育竞技中运动员犯规，电子游戏中玩家使用作弊器，都是对游戏规则的一种破坏，因此在大部分游戏和比赛中都存在一个中立者作为裁判。在电子游戏中这个角色通常由计算机来担任，而网络游戏中由于作弊现象繁多，则由网络管理者（通称ＧＭ）来处理。

最后，游戏是对现实事物或事件过程的抽象处理。以中国象棋为例，它来源于古代人们对于战争的理解和认识，将战场和士兵抽象为棋盘与棋子（图1-1-13）。游戏的抽象性，也

是玩家获得游戏乐趣的重要原因，因为他们在游戏中可以做到现实中所不可能操作和控制的事物。比如《微软模拟飞行》游戏包含的飞机介绍、飞行历史、飞行技巧，完全可以说是一部电脑版的《飞行员指导手册》，玩家只需一台电脑，便可体会真正飞机驾驶和翱翔蓝天的的乐趣。

综上所述，电子游戏相比传统游戏又有其自身特点。

首先，电子游戏平台需具备一个或多个可以显示图像、文字的显示系统，可以提供像电影镜头一样的游戏活动画面，玩家依靠显示系统实现控制游戏。如棋牌对战、动作格斗、战争模拟、角色养成、体育竞技、迷宫探险等，由于电子游戏可以虚拟出现实生活中无法达到的理想特效，这种视觉震撼力是传统游戏所无法提供的。如即时战略游戏《全面战争》（图1-1-14），游戏以宏大的战争场面为亮点，可在一个屏幕内可以同时显示出数万人的3D画面，这在桌面游戏中几乎无法实现的。

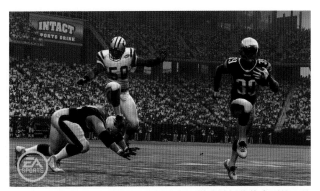
图1-1-16 Madden游戏被用作体育训练工具

图1-1-15 《太鼓达人》的游戏设备

其次，电子游戏是融合了多种艺术表现形式的优秀元素来提高自身趣味性的游戏。电子游戏通过与文学、美术、戏剧影视、音乐等艺术门类相结合，变化出不同的游戏体验。以Namco经典音乐游戏《太鼓达人》（图1-1-15）为例，这部游戏以日本的传统乐器——太鼓的音乐为游戏主题，以不同鼓的打击节奏和打击频率为游戏内容，让玩家自己根据鼓谱打出富有韵律与动感的节奏。这部游戏作品的专业性已经得到了日本太鼓演奏大师的认可，有的玩家甚至通过对本游戏的精通而成长为正式的太鼓鼓手。

再次，网络信息技术是电子游戏相对于传统游戏的重要优势。无线网络的全球性普及，让玩家可以不受地点限制，随时参与多人游戏。电子游戏的网络功能，不仅扩大了游戏群体的规模，也为玩家在世界范围内寻找高手对战提供了可能。我们可以随时悠闲的和在欧洲的某个玩家对

决国际象棋等游戏。

最后，电子游戏具有灵活多变的可扩展性。电子游戏是依托计算机程序软件而产生的，那么也自然可以通过软件改写进行升级和改版，甚至通过改编游戏的开发源代码可使玩家根据自己意愿定制游戏内容。风靡全球第一视角射击游戏《反恐精英》就是根据单机版战略模拟游戏《半条命》中的联机对战模式改编的。

三、游戏的应用类型

游戏是人类的天性，我们都会认为游戏存在的目的只限于给人提供单纯的娱乐。但随着游戏产业的发展，如今这种观念已经被打破，由于电子游戏的高度现实虚拟性和人机互动性，使它成功渗透在如教育、医学、竞赛训练、设计、宣传、国防与民意调查等一些非娱乐领域。业界将这类游戏称为严肃游戏或工具游戏，它是电子游戏的一种专业性延伸，这种游戏不以娱乐为目的，而是采用游戏形式，让用户在游戏过程中能够接受一些信息，得到训练或学习，甚至是疾病

的治疗。严肃游戏承载了领先娱乐游戏市场的高新科技应用和专业知识拓展来进行，如专业技术训练、金融模拟、教育以及健康与医疗等工作。还能够解决其他方面的问题，如训练士兵的多地形战斗能力、飞行员驾驶技术、药剂师的实验水平、运动员的战术理解、金融市场变化的应对策略等方面。现在，IBM、Cisco、Johnson's、Alcoa等企业都开始运用游戏技术和平台来训练员工和远程联系员工，游戏厂商和出版商也开始在严肃游戏的领域大展拳脚，Electronic Arts（简称EA，美国艺电公司）的橄榄球比赛游戏Madden（图1-1-16）在美国的学校球队和职业球队中都被作为训练工具使用。严肃游戏产业在美国发展迅猛，已占据了北美技能培训行业的大部分市场，并且还在以惊人的速度增长。

电子游戏的应用领域非常宽广，主要包括以下几种。

1. 教育

教育培训是电子游戏应用的一大领域。研究发现在游戏中人们掌握的知识要比单纯学习快得多且更易接受，教育与电子游戏的融合正达到这种效果。科学家利用电子游戏技术开发教育培训软件，让人们在玩游戏过程中学习各种知识。这不仅是我们的一种合理的假设，科学家们也在进行有关的研究。英国格拉斯哥大学的朱迪·罗伯森（Judy Robertson)博士于2003年建立了一个名为DESIGN MY GAME(设计自己的游戏)的工作室，她组织了250名7岁至16岁的儿童，让孩子们在假期时间通过教育游戏软件，自由的创作属于自己设计电子游戏。通过三年的实验，朱迪惊讶的发现，孩子们的逻辑思考能力、写作、沟通交流和团队合作能力都有很大的提高。同时发现，一些角色扮演游戏能给孩子们带来巨大的写作灵感，他们在游戏中编写的脚本远比其他在校

学生生动得多。

在日本，游戏厂商Square Enix公司与教育书籍发行商Gakken公司合作，于2006年5月建立一个新的合资子公司SG Lab（SG实验室）。子公司专注于研发"教育网游"。这类游戏被设计成委托商的预想主题，用来培训游戏者所服务的教育机构、工厂或职业训练中心。

目前教育培训领域的电子游戏市场虽还属于雏形阶段，但还是有一些以教育培训为目的的游戏软件已经占据了大部分市场。

例如，2014年，开发商EASY TECH公司在平板电脑的平台上开发的战略游戏《欧陆战争4》

图1-1-17 严肃游戏《驾车高手》，用于宣传交通法规

系列，就是以拿破仑战争时期为背景研发的游戏，游戏中的所有战役的历史背景、时间、将领、地图，甚至是区域地形都被详尽的列举与表现出来。同样的系列游戏还有以两次世界大战和欧洲中世纪战争，英法百年战争等为题材的游戏，这对学习欧洲历史的学生尤为重要，它使学习过程变得轻松，而知识点也更容易被掌握。

2005年北京前线网络公司为CAA的大陆汽车俱乐部实际开发了一款名为《驾车高手》（图1-1-17）的严肃游戏，为了配合CAA的一次以交通安全知识普及为主题的社会活动，向消费者宣传"驾车要系安全带""儿童乘车安全""不要酒后驾车"和"不要超速"4个汽车驾驶员的基本常识。这款严肃游戏是早期中国市场上较完整的严肃的游戏之一，

图1-1-18 面向青少年的教育类网络游戏《学雷锋》

图1-1-19 政府用《美国陆军》游戏作为征兵和训练的工具

当时《驾车高手》游戏除了在CAA的官方网站宣传外，很多驾驶员培训学校也将其作为一个补充并入理论练习题。

2005年，由上海盛大网络游戏公司自主研发的面向中小学学生的教育类网络游戏《学雷锋》（图1-1-18）发行。该游戏把主题定位于宣传优秀的日常行为规范，让青少年通过游戏培养正确的道德观和价值观，进而接受思想道德教育。游戏者在游戏里控制的人物形象是少先队员，通过阻止游戏人物的"说脏话""踩草坪""随地吐痰"和"闯红灯"以及"乱丢垃圾"等反面不文明行为，获得一定的分值奖励，通过帮助他人来提升等级。

2．军事

当今世界上很多国家都在研发在军事领域的电子游戏。随着计算机技术、人工智能技术，无线控制技术的发展，发达国家不

断将先进的科研成果和技术应用于军事严肃游戏的开发，各种针对战术战略、格斗技巧、武器操控与维修等方面的软件应运而生。这类游戏软件的娱乐性只是作为辅助，操作这类游戏也是日常训练的一个项目，目的是提高军官的指挥能力以及训练士兵应对各种战场情况的能力。

早在1994年，美国海军陆战队就成立了世界上第一个游戏军事训练结构；1995年，美国空军和陆军紧随其后，把游戏作为军队训练的有效辅助手段。2010年之后，美国军方更开始在一些国际的游戏竞技大赛中搜罗优秀的游戏高手作为军官培养。在发动对伊拉克战争的准备阶段，美军就利用电子游戏来模拟伊拉克首都巴格达的街区，从而训练士兵熟悉巷战地图（图1-1-19）。美国Break Away公司，在"9·11"恐怖袭击之前是一家以开发策略游戏而闻名的公司，其市场重心一直以娱乐游戏为主。而自从经历了恐怖袭击的威胁以后，公司开始关注严肃游戏的发展。到目前为止，该公司已经是美国最重要的严肃游戏开发商。他们开发的产品中，有80%以上被用于美国的战略防御和国土安全建设。

利用电子游戏辅助可以激发军官与士兵对训练的热情，提高战斗素养。另外，利用电子游戏辅助训练还可以节省训练经费。最重要的一点是他可以避免士兵在训练中遭受伤害。虽然电子游戏不能完全代替实战训练，但作为实战训练的一种补充来说，其意义不可低估。

3. 医学

医学是电子游戏涉及的另一个领域。主要是利用游戏虚拟出患者的现实情况和还原一些有代表性的病例，使实习医生得到大量的临床练习或治疗患者的心理疾病。这方面的研究和探索处在世界领先水平的是美国圣地亚哥科技园区的虚拟现实医学中心。

在虚拟现实医学中心，科学家运用高级三维虚拟现实技术和设备（数据目镜、数据手套等）来治疗诸如恐高、恐窄、恐黑、演讲障碍等心理疾病。心理障碍类疾病本来就是通过药物的传统治疗方法所无法治愈的，通过高度还原现实的电子游戏，给这类疾病的治疗方法带来新的契机。这种技术在治疗外伤导致的精神抑郁、成瘾行为等疾病方面也具有广阔的前景，另外，结合虚拟现实交互设备的元素，游戏还可以对医疗手术中的仪器操作等进行训练。（图1-1-20）

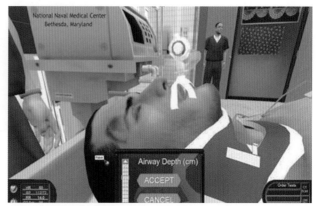

图1-1-20 医疗模拟游戏Pulse2

图1-1-21 《虚拟紫禁城》游戏画面

4．文化和旅游

随着世界一体化进程的加快，电子游戏在文化和旅游行业的作用业逐渐显现。国内已经有公司开发出类似的游戏软件，让多数游客在游览名胜之前就对景区背后的历史文化底蕴有更深的了解。比如《虚拟紫禁城》（图1-1-21）这款游戏。在游戏中，玩家可以随意的游览故宫里的各个景区，比如玩家进入太和殿场景，不仅可以听到、看到关于太和殿的介绍，还可以看到皇帝批阅奏折的情景。玩家还可以和其他玩家在故宫里进行下棋、斗蛐蛐、射箭等互动游戏。在虚拟紫禁城里游客不仅可以参观故宫，更可以领略中国古代书法、绘画、陶瓷等中国传统文化。

电子游戏在文化和旅游领域的应用还有很大的拓展潜力。比如在介绍当地民族的礼仪、风俗、服饰、艺术等方面，采用严肃游戏中的虚拟现实场景，会更加直观。而在旅游方面，世界各地的自然风光、地理地貌、民俗文化等用文字难以形象表达和理解的部分，采用电子游戏的方式便可以实现"五湖四海任我游"理想境界。

四、正确认识游戏行为

游戏是我们生活中必不可少的一个组成部分，我们在儿童时期都是通过游戏手段接触外界和了解世界的。随着年龄的增长，人们游戏时间逐渐缩短，但并不代表我们在成年之后就不需要游戏，恰恰相反，成年人对游戏的渴望通常要比儿童更强烈。游戏也并不是只有单纯娱乐功能，无论多简单的游戏，其中都包含着严谨的规律性，通过玩游戏不仅可以锻炼人的逻辑思维，甚至可以锻炼人的意志或体会哲理。游戏对成长时期的儿童尤为重要，儿童具有非凡的直观感觉，他们能分辨游戏中真实和虚拟的界限，并从中创造出各种规则来。通过这些规则又可以把已有的生活经验结合到他们的游戏世界中去，并且能从中体会到更丰富的新经验，锻炼创造力。

与儿童玩的现实游戏不同，成年人一般会偏好可以随意开始和结束、可以储存游戏进度的电子游戏。这样可更自由地支配游戏的时间。

虽然少数电子游戏中不可避免地存在不同程度的暴力与成人内容，但这种现象绝不是电子游戏的主流趋势。如《模拟城市》《袍子》《文明》等游戏，都是以真实的历史素材或优美的传说为游戏背景，玩家在游戏中历练成长，开动脑筋，计划策略发展经营自己所操控的角色。大部分游戏宣扬的是一种坚韧不拔、积极向上的精神。研究证明，玩游戏机可以刺激青少年的头脑发育，促进手指的灵敏度。但是，近些年很多青少年甚至成人都出现了游戏成瘾和逃避现实社会的情况。青少年自我控制能力差，沉迷于电子游戏的青少年长期固定在屏幕前，从而使他们丧失了应有的现实社会交往能力。

如今，开发游戏的厂商也在游戏中植入一些防止青少年过长时间沉迷游戏的程序，强制性缩短其上网和游戏时间，但这种方式只是辅助手段，多数情况仍需依靠青少年自身选择适合的、健康的电子游戏并合理控制游戏时间，防止沉迷与成瘾。

第二节 游戏平台与组成要素

进入21世纪，游戏已经成为现代人日常生活中不可缺少的一环。随着生活水平的提高与信息技术的进步，运用数字科技与创意结合具有休闲娱乐功能的产品与服务的数字休闲娱乐产业成为必然的发展趋势，也使得数字游戏正式成为社会大众多样化休闲娱乐的重要选择之一。随着科技话题的转变，电玩游戏甚至慢慢取代传统电影与电视的地位，继而成为家庭休闲娱乐的最新选择。

此外，数字游戏从专属游戏功能的平台开始发展，现已逐渐在不同类型的平台上进行娱乐，从计算机到平板电脑，甚至现在网上最为火热的游戏《开心农场》，可以使人们在虚拟世界中体验当农夫的田园乐趣。

一、游戏的组成要素

对于"游戏"最简单的定义，就是一种可以娱乐我们休闲生活的快乐元素。从更专业的角度形容，"游戏"是具有特定行为模式、规则条件、能够娱乐身心或判定输赢胜负的一种行为表现。随着科学技术的发展，游戏从参与的对象、方式、接口与平台等方面，更是不断改变、日新月异。以往单纯设计给小朋友娱乐的电脑游戏软件已朝规模更大、分工更专业的游戏工业方向迈进。游戏题材的种类更是五花八门，从运动、科幻、武侠、战争到与文化相关的内容都跃上电脑屏幕。具体而言，游戏的核心精神就是一种行为表现，而这种行为表现包含了四种元素：行为模式、条件规则、娱乐身心、输赢胜负。

从古至今，任何类型的游戏都包含了以上四种必备元素。从活动的性质来看，游戏又可分为动态和静态两种类型，动态的游戏必须配合肢体动作，如猜拳游戏、棒球游戏；而静态游戏则是比较偏向思考的行为，如智商游戏、益智游戏。不管是动态还是静态的行为，只要它们符合上述四种游戏的基本元素，都可以视其为游戏的一种。

1. 行为模式

任何一款游戏都有其特定的行为模式，这种模式贯穿于整个游戏，而游戏参与者也必须依照这个模式来执行。倘若一款游戏没有了特定的行为模式，那么这款游戏中的参与者也就玩不下去了。例如，猜拳游戏没有了剪刀、石头、布等行为模式，那么还能叫作猜拳游戏吗？或者棒球没有打击、接球等动作，那怎么会有王建民的精彩表现。所以不管游戏的流程复杂或简单，一定具备特定的行为模式。

2. 条件规则

当游戏有了一定的行为模式后，还必须制订出一整套的条件规则。简单来说，这些条件规则就是大家必须遵守的游戏行为守则。如果不遵守这种游戏行为守则的话，就叫作"犯规"，那么就会失去游戏本身的公平性。

如同一场篮球赛，绝不仅仅是把球丢到篮框中就可以了，还必须制订出走步、二次运球、撞人等犯规的判定规则。如果没有规则，大家为了得分就会想尽办法去抢球，那原本好好的游戏竞赛，就要变成互殴事件了。所以不管是什么游戏，都必须具备一组条件规则，而且条件规则必须制订得清楚、可执行，让参与者有公平竞争的机会。

3. 娱乐身心

游戏最重要的特点就是它具有的娱乐性，能为玩家带来快乐与刺激感，这也是玩游戏的目的所在，就像笔者大学时十分喜欢玩桥牌，有时兴致一来，整晚不睡都没关系。究其原因，就在于桥牌所提供的高度娱乐性深深吸引了笔者。不管是很多人玩的实体游戏，还是通过计算机运行的电玩游戏，只要好玩，能够让玩家乐此不疲，就是一款好游戏。

例如，目前电脑上的各款麻将游戏，虽然未必有实际的真人陪你打麻将，但游戏中设计出的多位角色，对碰牌、吃牌、杠和出牌的思考，都具有截然不同的风格，配合多重人工智能的架构，让玩家可以体验到不同对手打牌时不一样的牌风，感受到在牌桌上大杀四方的乐趣。

4. 输赢胜负

常言道：人争一口气，佛争一炷香，争强好胜之心每个人都有。其实对于任何游戏而言，输赢胜负都是所有游戏玩家期待的最后结局，一个没有输赢胜负的游戏，也就少了它存在的真实意义，如同我们常常会接触到的猜拳游戏，说穿了最终目的就是要分出胜负。

二、游戏平台的种类

所谓"游戏平台"（Game Platform），简单地说，它不仅可以运行游戏程序，还是游戏与玩家们沟通的一种媒介，如一张纸便是一个游戏平台，它就是大富翁游戏与玩家的一种沟通媒介。游戏平台又可分为许多不同类型。电视游戏机与电脑当然是一种游戏平台，称为"电子游戏平台"。

在不同的年代，电子游戏平台的硬件技术也不断地向上提升，从大型游戏机、ＴＶ游戏主机、掌上型主机，慢慢地进入ＰＣ与网络的世界，游戏画面也从最早只能支持单纯的16位游戏发展到现在的3D高彩游戏。

第三节 手机游戏

近年来最当红的3C商品是什么？无疑是智能手机，随着智能手机越来越流行，更带动了App的快速发展，当然其他各品牌的智能手机也都如雨后春笋般推出。而智能手机App市场的成功，带动了如《愤怒的小鸟》（图1-3-1）这样的App游戏开发公司的爆红。App即Application的缩写，也就是移动设备上的应用程序，是软件开发商针对智能手机及平板电脑所开发的一种应用程序。App的功能包括了日常生活的各项需求，其中以游戏为主，最近越来越多的公司加入开发App游戏的行列。

图1-3-1 手机游戏《愤怒的小鸟》

手机游戏有些通过无线网络下载到本地手机中运行，有的则需要同网络中的其他用户互动才能进行游戏。大家可以仔细观察身边来来往往的人群，将会发现无论是在车水马龙的大街上，或者是在挤满学生的快餐店餐桌旁，以及上下班的公交车上，随时随地都有人拿出手机来玩一番，他们多半是在玩手机游戏来消磨时间。就像《愤怒的小鸟》，游戏在非常短的时间内吸引了全世界的目光，由此我们可以预见在智能手机与平板电脑持续热卖的情况下，会有越来越多的消费者通过App商店来购买手机游戏，从而也带动了移动游戏软件的发烧热潮。

随着智能手机及平板电脑逐渐攻占世界各地消费者的钱包，手机游戏产业可以说是近年来快速发展的新兴产业。后PC时代来临后，市场已经逐步将计算机产业的功能移转至智能手机应用上，所谓智能手机（Smart Phone）就是一种在运算能力及功能上比传统手机更强的手机，不但规格较高，传输速率较快，且多具备上网功能，可以说它正向一台个人的小型计算机目标迈进。特别是近年来由于无线传输技术的发展，手机也可以上网联机，也因此萌发了让手机成为游戏移动平台的想法。

例如，苹果公司自从推出iPhone 4S（图1-3-2）手机后就将市场定位在手机游戏上，手机内置双核A5芯片，并拥有功能强大的HTML的电子邮件程序以及多功能浏览器——Safari。简直可以形容成是一部集电话、拍照、上网于一身的袖珍手提电脑，更强化了显示像素的密度与全新的语音辅助功能，并搭配3.5寸电容式多点触控屏幕与800万像素摄像头，堪称游戏与娱乐功能最强的移动设备，让众多苹果迷们爱不释手。

宏达电（HTC）研发的智能手机也备受消费者的青睐，HTC都是以Android系统为主，搭配独家的SENSE接口，其与iPhone所使用苹果设计的iOS系统不同。优点是用户对手机桌面更换自由度高，机种的选择很多，价格也很广泛，如HTC Sensation，就是一款拥有多媒体顶级体验的智能手机。

平板电脑(Tablet PC)则是一种无需翻盖、没有键盘，但拥有完整功能的迷你型可携式计算机，也是下一代移动商务PC的代表，可让用户选择以更直观、更人性化的手写触摸板输入或语音输入模式来使用。自从苹果iPad上市后，平板电脑旋风席卷全球，随着电子书的流行，更带动了平板电脑的快速普及。它不但可以存储大量的电子书（e-Book），并能够进行多媒体影像处理，还可以达到无线通信的目的，当然也能让玩家随时随地享受游戏的乐趣。

图1-3-2 苹果公司推出的iPhone 4S

一、iOS 操作系统

目前最当红的手机iPhone，是使用原名iPhone OS的iOS的智能手机操作系统，苹果公司以自家开发的Darwin操作系统为基础，有Mac OS X核心演变而来，继承自2007年最早的iPhone手机，经过了四次重大改版的iOS的系统架构分为4个层次，最新推出的iPhone 5S使内建的iOS 6拥有更完善的文字输入法，并内置了对热门中文互联网服务的支持，从而让iPod、iPhone和iPad touch更适合中文用户。有了全新的中文词典和更完善的文本输入法，汉字输入变得更轻松、更快速、更准确。你可以混合输入全拼和简拼，甚至不用切换键盘就能在拼音句子中输入英文单词。iPad 6支持30000多个汉字，手写识别支持的汉字数量增加了两倍多。当你向个人字典添加单词时，iCloud能让它们出现在所有设备上。百度已成为Safari的内置选项，还可以将视频直接分享到优酷网和土豆网（图1-3-3）。也能从相机、照片、地图、Safari和Game Center向新浪微博发布消息。

二、Android 操作系统

Android是Google公司公布的智能手机软件开发平台，结合了Linux核心的操作系统，可以使用Android的系统开发应用程序。承接Linux系统一贯的特色，也就是开放源代码（Open Source Software，简称Oss）的精神，在保持原作者源代码的完整性条件下，不但完全免费，而且还可以允许任意衍生修改及修复，以满足不同用户的需求。Android早期由Google公司开发，后由Google与十几家手机商家所成立的开放手机（Open Handset Allicance）联盟所开发，并以Java作为Android平台下应用程序的专属开发语言，开发时必须先下载JDK。

Android内置的浏览器是使用WebKit的浏览引擎为基础所开发成的，配合Android手机的功能可以在浏览网页时，达到更好的效果，还能支持多种不同的多媒体格式，如MP4、MP3、AAC、AMR、JPG等格式。另外，Android的最大优势就是与Google各项服务的完美整合，不但能享受Google上的优先服务，而且凭着Open Source的优势，越来越受手机品牌及电信公司的青睐。

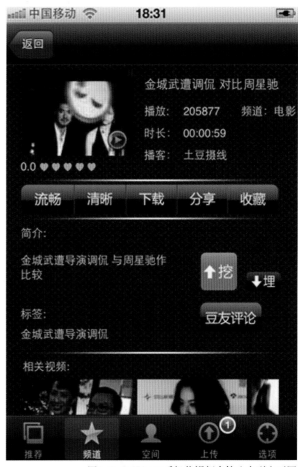

图1-3-3 iPhone手机将视频直接分享到土豆网

15

三、手机游戏的发展

手机游戏具有庞大的市场、可移植性、高级网络支持等优点，已经不是单纯移动时使用，具有想玩就玩的方便性，容易上手，比起计算机或电视游戏方便很多。随着3G时代的来临，各种移动上网、无线传输技术也在日新月异，让手机游戏市场具有更大的发展空间。

App Store是苹果公司基于iPhone而设的软件应用商店，开创的一个让网络与手机相融合的新型经营模式，让iPhone用户可通过手机免费试用里面的软件，只需要在App Store程序中点几下，就可以轻松更新并查阅任意手机游戏的信息。App Store除了对所贩卖软件加以分类，方便用户查找外，还提供了方便的资金流处理方式和软件下载安装方式，甚至还有软件评分。游戏类软件是苹果App Store最重要的销售类别之一。

Google公司也推出Android Market（目前已改成Android Play）——在线应用程序商店，Android Market平台系统向全球开放，只需要付一笔上传平台的费用，就可以把自己编写的游戏程序放到Android Market平台，全世界的玩家可通过Android和Marketplace网页查找、购买、下载及使用手机应用程序及其他内容，鉴于Android平台手机设计的各种优点，可预见未来手机游戏将像今日的PC游戏设计一样普及。

当然，就目前手机的处理能力和性能而言，当前阶段支持Java的手机，和第二代游戏机与早期计算机或手持游戏机一样，内存有限，小屏幕的操作接口只有拨号码用的小键盘。不过3G通讯技术开通以后，手机上网速度明显加快。虽然游戏的开发较为简单，但通过网络的传播，市场的反应却十分迅速，产品大卖。因此，手机游戏的潜在市场促使开发者不断推陈出新。

第四节 网络游戏

早期的游戏多是单机版的，如《仙剑奇侠传》和《轩辕剑》（图1-4-1、图1-4-2），是在游戏公司设计好游戏软件后，在各大计算机卖场铺货，用户购买后才能在个人计算机上使用。好的游戏会吸引玩家购买，同时也会引来盗版的"青睐"。

随着宽带网络应用的普及与单机游戏模式化，网络游戏占据了最大的市场。网络游戏可细分为网页游戏、局域网游戏等。与传统的游戏不同，网络游戏可通过网络与其他玩家产生互动，如局域网络游戏就可允许少数玩家建立一个小型的局域网（LAN）进行游戏对战。

对于生活在这一时代的青少年，计算机与网络所提供的休闲娱乐功能远胜于其他电子多媒体，网络游戏已成为年轻人休闲娱乐中不可缺少的部分。

一、了解在线游戏

随着因特网的日益普及，WWW(World Wide Web)的应用方式成形，在线游戏的潜在市场大幅增长。

图1-4-1 单机版游戏《仙剑奇侠传》

图1-4-2 单机版游戏《轩辕剑》

图1-4-3 即时战略游戏《星海争霸》

图1-4-4 微软推出的《帝国时代》

在线游戏近几年成为非常热门的行业，无论是国内还是国外，在线游戏的产值都在不断地增长。在线游戏成就了网络时代的全新商业模式——不需要实体商店的电子商业模式，只靠收取链接费用。这是由于网络社群的存在以及其高度的互动性与黏性。在线游戏基本解决了盗版的问题，尽管全球经济不景气，在线游戏因为与基本娱乐需求挂钩，加上用户平均花费有限，因此，产业市值不断增长，成为市场上增长最快的游戏软件种类。

二、在线游戏的发展

简单来说，在线游戏就是一种可通过网络与远程服务器连接，从而进行游戏的方式。20世纪80年代由英国发展出的最早的大型多人在线游戏——《网络泥巴》（Multiple User Dungeon，简称MUD）算是始祖。

MUD是一种存在于网络，多人参与，用户可扩张的虚拟网络空间。其接口是以文字为主，最初目的仅在于提供给玩家一个通过计算机网络聊天的渠道，让人感觉不够生动活泼。中国台湾第一款自制的大型多人在线游戏是《万人之王》，而在世界范围内首先流行的应属即时战略游戏《星海争霸》（图1-4-3）及微软推出的《帝国时代》（图1-4-4）。

即时战略游戏是一种联机对战游戏。这类联机的游戏是由一个玩家先在服务器上建立一个游戏空间，然后其他玩家可加入该服务器参与游戏。游戏地图千变万化。玩家可以享受团队竞争的乐趣。目前此类游戏产品以欧美游戏居多，如曾经红极一时的在线游戏《反恐精英》，它采用团队合作的网络游戏模式，玩家在游戏中可扮演恐怖分子与反恐特种部队，将真实对抗搬进虚拟世界，玩家可以体验游戏逼真的枪战效果及前所未有的感官刺激。

目前网络游戏以大型多人角色扮演游戏（Massive Multiplayer Online Role-Playing Game, MMORPG）为主流，玩家必须花费相当多时间来经营游戏中的虚拟角色。例如，由游戏橘子代理的韩国在线游戏《天堂》（图1-4-5）曾异常火爆，那时候《天堂》几乎成了网络的代名词。为了吸引更多的玩家，MMORPG在内容风格上也逐渐扩展出更多的类型，如以生活和社交、人物或宠物培养为重心的另类休闲角色扮演游戏。

图1-4-5 游戏橘子代理的韩国在线游戏《天堂》

三、虚拟宝物与外挂

在线游戏吸引人之处，就在于玩家只要持续"上网练功"就能获得宝物，如在线游戏发展到后面产生了可兑换宝物的虚拟货币。虚拟宝物就是游戏内的虚拟道具或物品。随着在线游戏的发展，一些虚拟宝物因其取得难度高，开始在现实世界中进行买卖，其价值已延伸至现实生活中，甚至能和现实世界中的货币兑换。

随着在线游戏的魅力日增，且虚拟货币的商品价值日渐增大，这类价值不菲的虚拟宝物需要投入大量的时间才可能获得，因此出现了不少针对在线游戏设计的外挂程序，可用来修改人物、装备、金钱、机器人等，其最主要的目的是快速提升等级，进而缩短投资在游戏里的时间。

这些虚拟宝物及货币，可以转卖给其他玩家来赚现实世界的金钱，虚拟币与现实货币可以按一定的比率兑换，这种交易行为在过去从未发生过。更有一些在线游戏玩家运用自己的计算机知识，利用特殊软件（如特洛伊木马程序）植入他人电脑或某些网站从而获取其他玩家的账号及密码，或用外挂程序洗劫对方的虚拟宝物，再把那些玩家的装备转到自己的账号上来。由于目前虚拟宝物一般已认为具有财产价值，所以上述这些行为实际已构成犯罪。

在线游戏吸引人之处，最主要的就是有了大量人的参与，这就产生了比较与竞争，因此外挂会造成在线游戏的极度不公平，好比考试作弊对正常考生会产生伤害一样。外挂的大量入侵，造成没有使用外挂玩家的极度反感。另外，因为玩家长期处于"挂机"状态，服务器需要消耗更多资源来处理这些并非人为控制的角色，让服务器端的工作量激增。从游戏公司的角度来看，这对其形象与成本都具有一定的负面影响。

说到外挂问题，一般玩家对它的痛恨程度大概仅次于账号被盗用。所谓外挂，是一种游戏中的插件（Plug-in），是一种并非游戏公司所设计的计算机程序。最常见的外挂就是游戏外挂，游戏外挂的定义通常是"游戏恶意修改程序"，如利用外挂修改游戏中的存档信息，这可让很多不是游戏高手的玩家，也能轻易通关。简单来说，"外挂"这个名词在目前计算机游戏中通常指各种游戏的作弊程序。

四、在线游戏技术简介

在线游戏的魅力在于玩家之间能够充分互动。简单地说，在线游戏技术的基本运作就是由玩家购买的客户端程序连上厂商所提供的付费服务器。服务器提供一个可以活动的虚拟网络空间。由于网络的四通八达，一台主机不可能只接受一个玩家，玩家能够从不同地方进入同一台主机。以服务器端的观点来看，即必须知道玩家到底是正在把过关数据写入，还是在读取主机的数据。

单机游戏与在线游戏的架构有相当大的不同，最大不同之处在于流程的驱动，单机与联机驱动的差别在于控制其信息的驱动组件不相同。一般进行单机游戏时，若有一个角色在游戏中，其驱动是由人工智能来控制其行为，但在在线游戏中，该角色可能是另一名玩家。

基本上，一款在线游戏的开发重点大概可分为游戏引擎、美术设计与服务器系统三个重点。而一款在线游戏上市后的成败与否与服务器的软硬件稳定性与网络质量，也就是游戏流畅度有很大关系。

由于网络软硬件架构质量不够统一，因此在线游戏在开发时的最重要的问题在于联机延迟（Lag），每一个连接节点的处理状况，都会影响到游戏的整体速度。由于在线游戏涉及网络联机的层面，在此先简单为各位介绍基本概念。基本上，网络联机问题可以关注以下三个要点。

首先是因特网地址。因特网地址即我们常称的IP地址（Internet Protocol Address），IP地址代表计算机在网络上的地址，每台计算机要连接网络都必须有一个独一无二的IP地址。要进行网络联机，本机计算机自己要有一个地址，要连接到的目标计算机也需要有个地址。

其次是端口具有网络联机能力的应用程序，在传递数据时都必须通过一个指定端口。当目标计算机的操作系统接收到网络上所传来的数据时，计算机就是根据这个端口信息来判别来源的，并将这些数据交给专门的应用程序来处理。

我们将"一个IP地址加上一个端口"的组合称之为"Socket地址（Socket Address）"，这样就可以识别数据是属于网络上哪台主机的哪一个应用程序。Socket的概念较为抽象，为加深理解，我们不妨设想一下场景：两台计算机后有个插座，而有一条电线通过插座连接两台计算机，数据就像是电流一般在两台计算机之间传输。Socket是计算机之间进行通信传输的管道。只要通过Socket，接收端就可以接收到发送端传送的任何信息。当然，发送端可以在近处，也可以在远方，只要对方的Socket和自己的Socket产生连接就能通行无阻。

要开发一个Socket网络应用程序，首先必须包含服务器端和客户端。服务器端用来聆听网络上的各种链接，并等待客户端的请求，当服务器端和客户端的Socket链接成功之后，就形成了一个点对点的通信管道。

一般来说，在线游戏所使用的通信协议是用户数据报协议（UDP），而不是面向链接的TCP协议。原因在于TCP的可靠性虽然好，但其缺点是所需要的资源较高，每次需要交换或传输数据时，都必须建立TCP链接，并在数据传输过程中需要不断地进行确认与应答工作。

在线游戏的数据传输属于小型但传输频率很高的数据传输方式，必须考虑到大量存储游戏角色数据的可能性，这些工作都会耗掉相当多的网络资源。UDP则是一种无链接数据传输协议，允许在完全不理会数据是否传送至目的地的情况下进行传送，虽然这种传输协议可靠性差，但适合于广播式的通信，因为UDP还具备一对多传送数据的优点。以客户端来说，它与单机游戏的架构十分近似，但必须考虑联机对象与数据帧处理机制，这也让客户端的设计变得比一般单机游戏复杂。

例如，单机游戏的NPC行为模式由客户端自行处理，但是在在线游戏中却是由服务器按照实际人物在游戏世界中的位置，通过联机将人物的相关信息传送至客户端，客户端接收数据帧后再将人物呈现出来。人物的信息包括种族、性别、脸型、装备、武器、状态，甚至对话信息等，数据库（DB）、多线程（Multithreading）、内存管理等都是极为重要的技术。以内存管理为例，服务器将接收到来自众多客户端的成千上万的数据帧，并且连续长时间地运行，若内存不能有效地管理，服务器端往往承受不住这庞大的负荷，这也会影响到服务器端本身的性能与稳定性。

五、在线游戏的未来发展

在线游戏的兴起彻底改变了游戏开发商的商业模式，以往的单机游戏必须依靠实体商店去铺货，现在对象已转向虚拟的网络。自在线游戏推出以来，中国游戏产业发展趋势一直受限于美、日、韩游戏经营商。在考虑技术及营销成本策略下，多半以代理方式为主，如《仙境传说》（图1-4-6）、《枫之谷》（图1-4-7)和《天堂》等都属于韩国游戏。

由于在线游戏在剧情架构上具有延伸性，而且玩家需要经过一段时间才能积累起其经验值与黏着性，故在放弃旧游戏而去玩新游戏的成本相对较高的情况下，玩家的忠诚度通常相当高。加上玩家除了享受一般单机游戏的乐趣外，更能通过各种社区交谈功能认识志同道合的新朋友，这对于整个游戏市场人口的扩大，扮演了很重要的角色。因此它的商业模式也因时代背景及玩家的需求，不断地调整、竞争与创新，从急速兴起到泡沫化后的成熟期，并且由单机购买到在线，由收费到免费。

对于在线游戏来说，软件的销售仅占其营收的一小部分，而主要营收来源是来自玩家上网的点数卡或会员会费收入，如在线游戏的付费方式可分为免费游戏与付费游戏两种。付费游戏多数是高服务质量的在线游戏，定时升级游戏以减少游戏程序错误与漏洞。这类游戏以点卡充值为主要收费方式，至于身上的道具、仓库、创建人物、新资料片都不需要再额外收费。因为进入游戏需要缴费，所以不容易冲高使用人数，付费游戏需要一定的时间及足够的营销费用。

图1-4-6 韩国游戏《仙境传说》

图1-4-7 韩国游戏《枫之谷》

至于对游戏要求较低的非死忠玩家市场，就走入免费行列，近年来在线游戏都偏向于免费游戏，所以其人气通常会飙升。不过如果要购买游戏中的虚拟道具或装备，则需另外付费购买，甚至有些免费在线游戏收费模式不同于以往用户付费的概念，也就是玩家如果不想花钱购买游戏内的道具、宝物、创新人物、上乘商品、游戏新版本等，依然可以继续玩游戏，且账号不会因此被停权而无法进行游戏，也就是使用者付费，不使用者免费。

近年来经济不景气造成"宅经济"当道，让大量失业又不想出门的人寻找适合的娱乐方式。在线游戏庞大的利润商机吸引了许多新兴行业进入市场。就供给分析，目前市场上的网络游戏无论在数量上还是题材上皆少得可怜，而看准其未来的可能商机，目前商家则是陆续推出更多题材与更多数量的在线游戏软件。

在线游戏的业绩起伏与市场经济无明显联系，但受消费者开支的影响。由于目前免费游戏盛行，加上大型多人在线游戏收费规则逐渐稳固，现在市面上早有数百款游戏供消费者选择，在线游戏产业已经由早期卖家市场转成买家市场。由于个体玩家的喜好不同，因此不同题材的游戏能够吸引不同的玩家，多数玩家不会同时玩太多游戏，而是集中在一两款游戏，所以一款游戏持续受欢迎的程度，在于开发团队持续不断地更新，拓展游戏脚本的趣味性并带动游戏的研发深度。

六、网页游戏

网页在线游戏，即指网页服务器，又称网络游戏。早在20世纪90年代，欧美就出现了许多网页游戏。近几年，正值游戏产业急速成长的时刻，开发成本相对较低的网页游戏自然也成为业界开发的重点目标之一。与在线游戏相比，网页游戏中的场景规模没有那么大，也没有办法呈现较佳的画面效果。网页游戏多半从实时策略、模拟经营等方面着墨，以弥补画面上的不足。

一般在线游戏都需要下载与安装客户端软件，对计算机配置要求也越来越高，而且运行游戏需占用一定的资源和空间，网页游戏具有简便小巧的特性，玩家在进行网页浏览、通信聊天的同时即可玩游戏。

在线游戏也面临着新的竞争威胁，其中之一便是逐渐兴盛的SNS（Social Networking Services）网站，如Facebook等。SNS网站是一种社交类网页游戏，黏着度高。所谓网页游戏（Web Game），指的是用户通过浏览器即可进入游戏世界的一类游戏，用户不需要安装客户端程序，只需申请一个账号即可。

第五节 电视游戏机

电视游戏机是一种玩者可以借助输入设备来控制游戏内容的主机。输入设备包括游戏杆、按钮、鼠标，并且电视游戏机的主机可和现实设备分离，从而增加了其可移动性。电视游戏玩家的年龄段相对于电脑游戏玩家而言要低许多。世界上公认的第一台电玩机是Atari公司于1977年出产的Atari 2600。

一、任天堂

1983年，任天堂（Nintendo）公司推出了8位的红白机后，这个全球总销售量6000万台的超级巨星。虽然现在的TV游戏机一直不断推陈出新，不过它们还是不能取代红白机在一些玩家心中鼻祖的地位。这也决定了日本厂商在游戏机产业的龙头地位，现在不同平台的TV游戏（如

PS3、XBOX等）如雨后春笋般推出，但任天堂游戏机仍是全球市场的主流。

所谓红白机，就是任天堂公司出产发行的8位TV游戏机，正式名称为"家用计算机"（Family Computer,简称FC）。为什么称为"红白机"呢？因为当初FC在刚出产发行的时候，就是以红白相间的主机外壳来呈现，所以叫"红白机"（图1-5-1）。

1996年，任天堂公司又推出64位TV游戏机，即"任天堂64"（简称N64）（图1-5-2），其最大特色就是它是第一台以四个操作接口为主的有机主机，并且以卡匣作为游戏的存储载体，这大大提升了游戏的读取速度。

GameCube是任天堂公司所推出的128位TV游戏机（图1-5-3），也是属于游戏专用的游戏主机。它没有集成太多影音多媒体功能。另外，为了避免和Sony的PS2、微软的X-box正面冲突，任天堂把精力全部集中在加强GameCube游戏的内容质量上，其"玛丽兄弟"更是历久弥新，到现在仍然有许多玩家对它情有独钟。所以GameCube的硬件成本自然就可以压得很低，售价也成为最吸引玩家们的地方。

掌上游戏机可以说是家用游戏机的一个变种，它强调的是便携性，因此会牺牲部分多媒体效果。掌上游戏机由于轻薄小巧的设计，加之种类丰富的游戏内容，向来吸引不少游戏玩家。在机场或车站等候室，经常可以看到人手一机来打发无聊的时间。

近年来由于消费水平日渐提升，一般单纯的掌上游戏机已无法满足玩家的需求，因此许多便携式电子产品（PAD、移动电话、移动存储器等），也纷纷投身于这块尚未完全开拓的广大市场之中。

例如，GAME BOY是任天堂所发行的8位掌上游戏机(图1-5-4)，其中文意思是"游戏小子"。一直到现在，市面上还在流行。之后还推出了各式各样的新型GAME BOY主机。任天堂于2006年3月推出的掌上型主机NDS-Lite(NDSL)（图1-5-5），则具有双屏幕与Wi-Fi联机的功能，翻盖式设计与上下屏幕是其重要特点，下屏为触摸屏，玩家可以使用触控笔进行游戏操作。

事实上，由于PS2和微软的X-box带来的竞争，从1994年起，任天堂机就失去了它在游戏界的领导地位。不过在2006年强势推出的Wii游戏机在市场上受到高度欢迎。与GameCube最大的不同点在于Wii开发出具有革命性的动态感应无线遥控器手柄与指针，并配备有512MB的内存，这对游戏方式来说是一场革命，将虚拟现实技术推前了一大步。(图1-5-6)

图1-5-1　1983年任天堂公司推出的8位红白机

图1-5-2　任天堂64

图1-5-3　任天堂公司所推出的128位TV游戏机GameCube

图1-5-4 任天堂发行的8位掌上游戏机GAME BOY

图1-5-5 2006年3月推出的改良版NDS-Lite(NDSL)

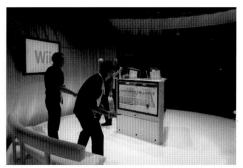

图1-5-6 2006年强势推出的Wii游戏机

图1-5-7 Sony公司所推出的PS游戏机

图1-5-8 Sony于2006年开发的次世代PS3游戏机

图1-5-9 微软XBOX 360

这款游戏机的遥控器可以套在手腕上模拟各种电玩动作直接指挥屏幕，通过Wii Remote的灵活操作，平台上的所有游戏都能使用指向定位及动作感应，从而让用户仿若置身其中，如下例所示。

比如，你在游戏进行时做出任何实际动作（打网球、打棒球、钓鱼、打高尔夫、格斗等），无线手柄都会模拟振动并发出真实般的声响。如此一来，玩家不但能有身临其境的感受，还能手舞足蹈地将自己融入游戏情境中。

二、Play Station

谈到TV game，绝对不能忽略任天堂的另一个强劲对手——索尼（Sony）公司。Sony产品的发展史就是一个不断创新的历史，自从1994年Sony凭借着优秀的硬件技术推出PS之后，两年内就热卖一千万台。PS它是Sony公司所出产的32为TV游戏机，为Play Station的缩写，意思为"玩家游戏站"。（图1-5-7）

对于PS此款游戏机的历史，我们可以说是电玩史上的一个奇迹。它的最大特色就在于3D指令周期，许多游戏都在PS游戏主机上，让3D性能发挥到了极限，其中最吸引玩家的地方就是可以支持许多画面非常华丽的游戏。

目前PS系列最新型的机种是Sony于2006年所开发的次世代Play Station游戏机（简称为PS3）。它的外形是超流线型，共有白、黑、银三种颜色，最大特色是内置了蓝光播放器（Blu-ray Disc），使游戏玩家能够欣赏到超高画质影片，并可以将数字内容存储在游戏机上，再转到电视机上播放。（图1-5-8）

三、XBOX

XBOX，则是微软（Microsoft）公司推出的128位TV游戏机（图1-5-9），也是微软的下一代视频游戏系统。它可以带给玩家们有史以来最具震撼力的游戏体验。XBOX也是目前游戏机中拥有最强大绘图运用处理器的主机，能给游戏设计者带来从未有过的创意想象技术与发挥空间，并且能创造出梦幻与现实界限变得模糊的超炫游戏。目前最新型XBOX　360的游戏可以存储在硬盘中，并提供了影像、音乐播放及相片串流的功能。由于其内置有ＡＴｉ图像处理器，游戏画面精致度大为提高，播放也更加流畅，画质性能表现更高于目前PC上大多数的显卡。

第六节　大型游戏机

大型游戏机就是一台富有完整外围设备(显示、音响与输入控制等)的娱乐机器。通常它会将游戏的相关内容，刻录在芯片之中加以存储，玩家可通过机器所附带的输入设备（游戏杆、按钮或方向盘等特殊设备）来进行游戏的操作。例如，街机就是一种用来放置在公共娱乐场所的商用大型专用游戏机。

说起电玩，大家首先想到的就是摆放在赌博类型游艺场所或百货公司里经营的大型游戏机，所以往往给人较负面的印象。但不可否认，它是所有游戏平台的鼻祖，而且到现在仍然经久不衰。

基本上，大型游戏机多半以体育与射击性游戏为主，之所以游戏内容选择这种肢体运动幅度较大的题材，是因为这类游戏机都会设有专用的放置场所。大型游戏机的优缺点如下。

优点：它集成了屏幕与喇叭等多媒体设备。游戏的声光效果是其他平台所无法比拟的，最具现场感与身临其境的震撼效果。

大型游戏的操作接口针对具体游戏设计，因此比其他游戏平台更贴心、更人性化。

大型游戏的游戏内容属于模块化设计，封装在芯片之中，因此不需要考虑是否会发生硬件设备不足而无法执行游戏的错误现象。

运行游戏前，不需要任何安装操作，直接上机即能开始进行游戏。

缺点：价格较为昂贵。

由于游戏是封装在芯片之中，如要切换游戏，则必须更换机器内部的游戏机主板，因此每台大型机几乎只能运行一种游戏程序。

大型游戏机的制作厂商相当多，但世嘉（SEGA）公司的产品几乎垄断了国际上大型游戏机市场，而且成功地把许多ＴＶ游戏机上的知名作品移植到大型游戏机上（图1-6-1）。走入街头巷尾的游艺场，我们看到的电动玩具机和游戏软件多数都是ＳＥＧＡ的产品。除了许多自20世纪80年代就红极一时的运动型游戏外，世嘉也曾推出像《甲虫王者》等颇受好评的益智游戏。益智游戏可以让小朋友在大型机游戏当中见识到大自然的百态，因此也受到家长与小朋友的喜爱。

图1-6-1 世嘉大型游戏机

第七节 单机游戏

随着电子游戏在ＰＣ上的发展，计算机也俨然成为电子游戏的一种最重要的游戏平台。自从ＡＰＰＬＥ Ⅱ成功地将计算机带入一般民众家庭后，就有了一些知名的计算机游戏，如骨灰级游戏《创世纪系列》《反恐精英》以及《超级运动员》（图1-7-1）和《樱花大战》（图1-7-2）等。

图1-7-1 《超级运动员》

单机游戏是指仅使用一台游戏机或者电脑就可以独立运行的电子游戏。由于计算机的强大运算功能以及多样化外界媒体设备，使得计算机不仅仅是实验室或办公场所的最佳利器，更是每个家庭不可或缺的娱乐重心。早期的电子游戏多半都是单机游戏，如《帝国时代》（Age of Empires，简称AOE），《轩辕剑》《巴冷公主》以及《魔兽争霸》（图1-7-3）等。

与电视游戏不同，单机游戏是在电脑上进行，它并非一台单纯的游戏设备，电脑强大的运算功能及其丰富的外围设备，使得它几乎可以用来进行各种可能的运算工作。单机游戏结合了大型机与家用游戏机的游戏优点，不仅能营造出强大的影音效果，而且可随意切换所要进行的游戏。此外，在电脑上的单机游戏还能配合使用特殊的控制设备，把游戏的临场感表现得淋漓尽致。

图1-7-2 《樱花大战》

近年来，随着在线游戏的兴起，单机游戏日渐式微，大部分在线游戏的耐玩程度及互动程度都比单机游戏高。而当今游戏市场中最主力的玩家应该是12～25岁的青少年，这个年龄层次的玩家最重视的就是与伙伴之间的联系和互动，传统的单机版游戏不管做得多好，都无法让玩家感受到与人互动及聊天的乐趣。这也造成了单机游戏的日益不景气，原因可以归纳为以下几点。

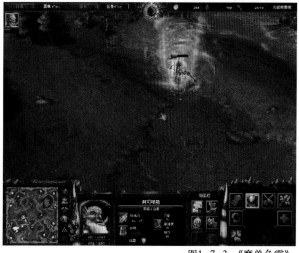

图1-7-3 《魔兽争霸》

首先，单机游戏的盗版风气太盛，只要有一定的销售量或名气，上市后不出三天就能发现"漫山遍野"的各种盗版的大补贴，这也是现在市场上普遍流行在线游戏的最主要原因之一。

其次，由于计算机由各种不同的硬件设备组成，而每款单机游戏对硬件的要求标准不一，所以常常造成兼容上的问题，加上安装与运行游戏过程繁杂，玩家必须对计算机有基本的操作常识，才能够顺利进行游戏。

再次，一些影音效果十足、画面设计精美的单机游戏，虽然也受到不少玩家的青睐，不过随后却发现电脑单机游戏的画面怎么也无法跟电视游戏机媲美。所以为了追求更好的声光效果，宁可买PS、GC、XBOX来玩，也不愿意花钱买计算机游戏却享受次级的声光效果，这也造成了单机游戏玩家慢慢流失。

最后，在市场不景气，所有人的荷包都缩水的时候，一些非必要性的支出会被删减。单机游戏一次所付出的成本较重，而大部分的玩家都不是经济独立的个体，所以在经济不景气的状况下市场难免会受到影响。

第八节 游戏相关硬件常识

计算机硬件不断发展，游戏的制作技术也在不断地进步。游戏是对整个计算机系统综合性能的考验，游戏对硬盘传输速度、内存容量、CPU运算速度等也有不同程度的要求。计算机相关设计有没有符合游戏的基本硬件需求，也是影响游戏执行性能的重要原因，如玩家们玩游戏最重要的是三样计算机配备：CPU、显卡和内存。作为一个够格的玩家应该对游戏相关硬件有一定的常识。

一、CPU

"中央处理器"（Central Processing Unit，简称CPU）的微处理器是构成个人计算机运算的中心，它是计算机的大脑、信息传递者和主宰者，负责系统中所有的数值运算、逻辑判断及解读指令等核心工作。CPU是一块由数十个或数百个IC所组成的电路基板，后来因集成电路的发展，处理器所有的处理组件得以浓缩在一片小小的芯片上。在游戏中，CPU主要负责图像处理工作，对于玩家来说，不同的游戏在不同的CPU上会有不同的效果。通常单机游戏是否能顺畅执行，大部分要看CPU的性能。虽然CPU对于玩游戏的影响没显卡明显，但CPU频率高低对运算速度仍然会有影响。

CPU内部有一个像心脏一样的石英晶体，CPU要工作时，必须要靠晶体震荡器所产生的脉波来驱动，因此被称为系统时间（System Clock），也就是利用有规律的跳动来掌控计算机的运作。

每一次脉动所花的时间，称为频率周期（Clock Cycle），至于CPU的执行速度，则称为工作频率或内频，它是测定计算机运作速度的主要因素，以兆赫（Megahertz，MHz）与千兆赫（Gigahertz，GHz）为单位。例如，8000MHz，也就是每秒执行80亿次。

近年来，由于CPU的技术的不断提高，CPU的执行速度已提高到每秒十亿次（GHz），如3.2GHz的执行速度即为每秒3.2GHz，等于每秒3200MHz，也就是每秒执行32亿次。

执行一个指令，通常需要数个频率，我们又常以MIPS（每秒内所执行百万个指令数）或MFLOPS（每秒内所执行百万个浮点指令数）称之。以下是CPU速度相关名词说明（表1-8-1）。

表 1-8-1 CPU 速度相关名词说明

速度计量单位	特色与说明
频率周期	频率的倒数，如CPU的工作频率（内频）为500 MHz，则周期频率为$1/(500\times10^{6})=2\times10^{-9}=5ns$
内频	中央处理器（CPU）内部的工作频率，即CPU本身的执行速度。例如：Pentium 4-3.8G，则内频为3.8GHz
外频	CPU读取数据时，在速度上需要外部设备配合的数据传输速度，速度比CPU本身的运算慢很多，可以称为总线（BUS）频率、前置总线、外部频率等。速率越高，性能越好。
倍频	内频与外频间的固定比例倍数，其中： CPU执行频率（内频）=外频×倍频系数 例如，以Pentium4 1.4GHz计算，此CUP的外频为400MHz，倍频为3.5，则工作频率为400MHz×3.5=1.4GHz

Intel是个人计算机CPU的领导品牌，该公司一向以高性能的产品著称。目前主流的CPU产品大都采取64位的架构，并且工作频率也在2GHz以上。Intel的Pentium最新的处理器用D来作为代号，称为Pentium D，是64位的双核心处理器。Core2 Duo是将Pentium D的架构强化，采用最尖端的Intel双核心和四核心运算技术，提供了较佳的运算能力、系统性能和响应速度。多核心的主要精神就是将多个独立的微处理器封装在一起，使得CPU性能提升不再依靠传统的工作频率速度，而是依靠平行处理的技术。我们知道CPU的发展一直向更高的工作频率进行作业，然而已经到达理论的实体限制时，则必须朝多处理核心方向发展。

Intel在2008年底发表了台式计算机平台处理器——第一代Core i7，它将取代目前名为Core2 Duo的Penryn微构架处理器。Core i7采用的Nehalem微架构与x86-64指令集，以全新的LGA 1366封装，集众多先进技术于一身。Nehalem是Intel的第七代架构，因此被称为Core i7，拥有4核心8线程，运行性能比先前采用前端总线（Front Side BUS，简称FSB）构架的四核心处理器速度提高50%。后来到2011年11月底推出了最高级的六核心处理器系列，以X79芯片为主，总频率为3.3GHz，拥有高达40条PCI-Express通道数，代号为Sandy Bridge-E新平台，包括两款新处理器：Intel Core i7-3960X和Intel Corn i7-3930K。

二、RAM

如果说显卡决定了玩家玩游戏时获得的视觉享受，那么内存的容量就决定了游戏玩家是否够格玩这款游戏。对于大型的3D游戏来说，内存容量比内存性能更为重要。RAM中的每个内存都有地址（Address），CPU可以直接存取该地址内存上的数据，因此存取速度很快。RAM

可以随时读取或存入资料，不过所存储的数据会随着主机电源的关闭而消失。RAM根据用途与价格可分为动态内存（DRAM）和静态内存（SRAM）。DRAM的速度较慢，组件密度高，但价格低廉可广泛使用，不过它需要周期性充电来保存数据。

过去市场上内存的主流种类有168-pin SDRAM(Synchronous Dynamic RAM，简称SDRAM)、184-pinDRSRAM（俗称Rambus）和184-pin DDR（Double Data Rate，简称DDR）SDRAM三种形式，其中SDRAM和Rambus已有逐渐被淘汰的趋势。至于接脚数为240的DDR2 SDRAM，相对于DDR SDRAM，则拥有更高的工作频率与更大的单位容量，特别是在高密度、高性能和散热性上有杰出表现，俨然成为市场新一代的主流产品。最新的DDR3是以DDR2为起点，性能是DDR2的两倍，速度也进一步提高。

DDR3的最低速率为每秒800MB，最大为16000MB。当采用64位总线频宽时，DDR3能达到每秒64000MB~128000MB。它的特点是速度快、散热佳、资料频宽高及工作电压低，并可以支持需要更高数据频宽的四核心处理器。对一些早期的主机来说，如果内存容量不够大的话，又想要改善游戏中的顺畅度，建议买DDR2内存进行家装。

三、显卡

显卡（Video Card）负责接收从内存送来的视频数据，然后再将其转换成模拟电子信号并输入屏幕上，这样我们就可以在显示屏幕上看到文字与图像信息。显卡的好坏会影响游戏所呈现的画面质量，一定要综合不同的显示适配器和游戏才可以为显示适配器的效能下定论。例如，屏幕所能显示的分辨率与色彩数，由显示适配器上额内存多少来决定。

显卡性能的优劣与否主要取决于所使用的显示芯片，以及显示卡上的内存容量，内存的作用是加快图形与图像处理速度，通常高级显示适配器会搭配容量较大的内存。

显示芯片是显卡的心脏，在计算机的数据处理过程中，CPU将其运算处理后的显示信息通过总线传输到显卡的显示芯片上，而显示芯片再将这些数据运算处理后，通过显卡将数据传送到屏幕上。

以目前市场上的3D加速卡来说，大部分都是使用NVIDIA 公司所出产的芯片，如TNT2、NVIDIA GeForce 系列（如GeForce4、GeForce6、GeForce7、GeForce8、GeForce9以及最新的GeForce GTX200等）、NVIDIA Quadro专业绘图芯片等(图1-8-1)。

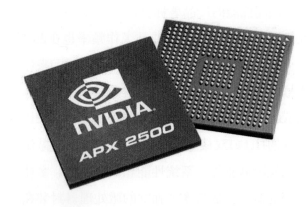

图1-8-1 芯片

后来AMD收购ATi，并取得ATi的芯片组技术后，推出集成芯片组，也将ATi芯片组产品正名为AMD产品。常见的AMD芯片组有IGP3xx、480X CrossFire、570X CrossFire、580X CrossFire、AMD 690G、AMD 780G、AMD 790FX等。

一般ATi的显卡擅长DirectX游戏，NVIDIA的显卡则擅长OpenGL游戏。而显示内存的主要功能是将显示芯片处理的数据暂时储存在显示内存上，然后将显示数据传送到显示屏幕上，显卡分辨率越高，屏幕上显示的像素点就会越小、越多，并且所需要的显示内存也会随之增多。

每一块显示屏至少要具备1MB的显示内存，而显示内存会随着3D加速卡的演进而不断增加。从早期的1MB、2MB、4MB、8MB、16MB，一直到TNT2是8MB、32MB、64MB的SDRAM，甚至到最新NVIDIA，GeForce2、3、4，它们都有64MB显示内存的版本。

从最早期普遍使用的VGA显示器所能支持的ISA显示适配器，80486以后的个人计算机大多采用这一标准的VESI显示适配器。至于PCI（Peripheral Component Interconnect）显示适配器，通常被使用于较早期精简型的计算机中。

AGP（Accelerated Graphics Port）接口是在PCI接口架构下，增加了平面（2D）与立体（3D）的加速处理能力，可用来传输视频数据。数据总线的宽度为32Bits，工作频率是66MHz，是为3D显示应用所生产的高性能接口规格与设计规范的插槽。PCI Express显卡（也称PCI-E）则用来取代AGP显卡，面对不断进步的3D显示技术，AGP的宽带已不能够轻松地处理复杂的3D运算。

RAMDAC(Random Access Memory Digital-to-Analog Converter)是随机存取内存数字模拟转换器，它的分辨率、颜色数与输出频率也是影响显卡性能的重要因素。因为计算机是以数字的方式来进行运算，因此显卡的内存就会以数字方式来存储显示数据，而对于显卡来说，这些0与1的数字数据便可以控制每一个像素的颜色值及亮度。

图1-8-2 PCI接口声卡

对于目前市场上的3D加速卡而言，大部分都是使用NVIDIA公司出产的芯片，如TNT2、GeForce256、GeForce2 MX、GeForce2 Ultra、GeForce3以及最新的GeForce4等。

四、声卡

大家可以试着将身边的所有音效设备全部关掉，然后体验一下没有背景音乐、音效及配音的游戏，是不是觉得游戏变得暗淡无趣许多呢？声卡（Sound Card）的主要功能是将计算机所产生的数字音讯转换成模拟信号，然后传送给喇叭输出声音。（图1-8-2）

一般声卡不仅有输出声音的功能，也包含其他连接端口来连接其他的影音或娱乐设备，如MIDI、游戏杆、麦克风等。声卡的形式主要以PCI适配卡为主，不过有不少声卡，已经直接内置到主机板上，不需要另外安装声卡。其他重要信息如表1-8-2所示。

表 1-8-2 声卡的重要信息

重要信息名称	意义说明
DSP	DSP（Digital Signal Processing）就是数字信号处理，是声卡中专门用来处理效果的芯片，又可以称为效果器。由于具有这种芯片的声卡价格比较昂贵，所以通常只有在比较高级的声卡中才会看到
DAC	DAC（Digital to Analog Converter）就是数字模拟转换器。因为一般的音响都只能接受模拟信号的数据，而计算机中所处理的数据通常是数字信号，因此声卡在读出数字信号后，必须通过ＤＡＣ转换成一般音响能够接受的模拟信号，再由音响来带动音箱发出声音
SNR	SNR（Signal-Noise Ratio）指的是信噪比。它是一个诊断声卡中抑制噪音能力的重要指标。ＳＮＲ指的是有用信号和噪声信号功率的比值，其单位是分贝。ＳＮＲ值越大，则声卡的滤波效果越好，所以优良声卡的SNR的值至少要大于80dB
FM合成	FM合成技术是早期电子合成乐器所采用的发音方式，后来由Yamaha公司将它应用到ＰＣ声卡上。FM比最初的ＰＣ小喇叭所提供的效果还要好，最大特点就是FM的发音方式使得声音听起来比较干净、清脆
Dolby Digtital	Dolby Digital是由杜比实验室（Dolby Laboratories）所开发的一种音效编/译码技术，原名Dolby Surround AC-3,现改称为Dolby Digital 或称"AC-3"。而最新一代杜比音效技术是Dolby Digita Plus，或称为增强型AC-3(E-AC-3),其可以提供更高音质、高效率音讯压缩
EAX ADVANCED HD	EAX ADVANCED HD是增强的3D音效性能，带给用户高度的音效逼真度，随着环境的不同，所听到的声音会有所不同
S/PDIF	全名为Sony/Philips Digital Interconnect Format,是Sony和Philips所研发出来的一种民用数字音频接叶协议。一般等级较高的声卡会支持S/PDIF接口，其主要作用是提高信噪比
A3D	A3D(Aureal 3-Dimensional),是由Aureal开发的一项3D音效技术，可以在两个扬声器上提供三维效果的声音。它只需要两个扬声器，而环绕立体声通常需要4~5个

取样频率	取样频率是每秒钟声音取样的次数，取样频率越大音质也会越好。取样频率是以赫兹（Hz）为单位，1Hz代表每秒取样一次；而1kHz(千赫兹)代表每秒取样1000次。常见的取样有8，11.025，16，22.05，24，32，44.1，48以及96kHz。其中DVD的标准则可达96 kHz（也就是每秒取样96000次）
位深度	又称分辨率，代表存储每一个取样结构的数据量长度，位深度越高，精确度越高。常见的位深度有16Bits和24Bits

五、硬盘

硬盘（Hard Disk）是目前计算机系统中主要的存储设备，硬盘是由几个磁盘片堆砌而成，上面布满了磁性涂料。各个磁盘片（或称磁盘）上编号相同的磁道，则称为磁柱（Cylinder）。磁盘片高速运转，通过读写头的移动从磁盘片上找到适当的扇区并取得所需的数据。谈到游戏和硬盘速度的关系，主要和单机游戏有关，如果硬盘速度快，加载时会快一些，对常换大场景的游戏有一点帮助，在线游戏则基本不受影响。

目前市面上贩卖的硬盘尺寸，都是以内部圆型盘片的直径大小衡量，有3.5寸和2.5寸两种。个人计算机几乎都是3.5寸的规格，而且存储容量为数百千兆，有的高达3TB，且价格相当便宜。另外，在购买硬盘时经常会发现硬盘规格上标示着5400RPM、72000RPM、15000RPM等数字，这表示主轴马达的转动速度。

硬盘传输速度则是指硬盘与计算机配合下传送与接收数据的速度，如Ultra ATA DMA/133规格则表示传输速度为133MB/s。至于硬盘传输接口，它可分为IDE、SCS、SATA和SAS四种。

固态式硬盘（Solid State Disk，简称SSD）是一种最新的永久性存储技术，属于全电子式的产品，完全没有任何一个机械设备。它的重量可以压到硬盘的几十分之一，规格有SLC和MLC两种。SSD主要是通过NAND型闪存加上控制芯片作为材料制造而成，与一般硬盘使用机械式马达和硬盘的方式不同，没有会移动的盘片，也没有马达的耗电需求。SSD硬盘除了耗电低、重量轻、抗震动与速度快外，它没有机械式的反复动作所产生的热量与噪音。

六、游戏杆

游戏杆主要用于电玩游戏。电动玩具注重操控性，特别是动作类的游戏对方向感要求很强，游戏杆可以弥补键盘的不足，它让用户有人机一体的感受，并能减少键盘的损坏率。（图1-8-3）

图1-8-3 游戏杆

图1-8-4 方向盘

图1-8-5 掌上型控制器

游戏杆的设计原理是以游戏杆中心为原点，当玩家推动游戏杆时，游戏杆驱动程序便会将水平与垂直的变化量转换成坐标回传。游戏杆可分为模拟与数字两种。模拟式游戏杆采用比例方式控制，即游戏杆移动的大小将影响屏幕上移动的距离；数字式游戏杆则根据移动的方向来判断，与游戏杆的移动距离无关，通常用于讲求方向与距离的电动游戏中。另外，随着时代的进步，游戏杆也在不断改进，目前已经可以支持更多按钮的操作游戏，其精确度也有所提高。有些较高级的游戏杆还可以支持不同方向轴的旋转。

七、方向盘

方向盘是体验赛车类型游戏最重要的设备，使用方向盘来进行赛车游戏时的游戏感是使用键盘与游戏杆所无法比拟的，还真的像是在车道上风驰电掣的。

特别提醒，日后如果要设计方向盘程序，程序设计方法与游戏杆类似，而它们的不同之处在于：方向盘将水平方向与垂直方向的位移变化分别应用在方向盘的转动与油门的踩踏上，刹车也是另一个一维的变量。（图1-8-4）

八、掌上型控制器

掌上型控制器（Game Pad）像一个小型的键盘，早期的掌上型控制器通常只有四个方向键、四个按键与两个系统按键。现在的掌上型控制器已经可以支持更多的按键与功能。（图1-8-5）

九、喇叭

喇叭（Speaker）的主要功能是将计算机系统处理后的声音信号，通过声卡的转换将声音输出，这也是游戏中不可或缺的外部设备。早期的喇叭只用于玩游戏或听音乐CD时使用，现在通常搭配高质量的声卡，不仅将声音信号进行多重输出，而且音质也更好，其种类有普通喇叭、可调式喇叭与环绕喇叭。

许多喇叭在包装上会强调瓦数。输出的功率（即瓦数）越高，喇叭的承受张力也就越大。但一般消费者看到的都是厂家标示的P.M.P.O值，它是指喇叭的"瞬间最大输出功率"。

通常人耳在聆听音乐时所需要的不是瞬间的功率，而是"持续输出"的功率，这个数值叫作R.M.S。就正常人而言，15W的功率已绰绰有余了。另外，喇叭摆放的角度和位置，也会直接影响音场平衡。如常见的二件式喇叭，通常摆放在屏幕的两侧，并与自己形成正三角形，将会达到最佳的听觉效果。

与专业领域的术语一样，在游戏世界，也有一些只有发烧友能听明白的专用名词，如果是一个刚踏进游戏领域的初学者，一定很难理解他们在说什么。事实上，在游戏领域里，相对的游戏术语实在是太多了，这些术语多到可能让读者应接不暇，只有建议多看、多听、多问，才能在游戏里畅行无阻。

本小结收录了一些笔者个人认为在游戏界里比较常见的发烧名词，希望读者能与朋友多讨论，不断补充。

1. NPC

NPC是Non-Player Character的缩写，它指的是非玩家人物。在角色扮演类游戏中，最常出现的是由计算机来控制的人物，这些人物会提示玩家重要的情报和线索，使得玩家可以继续进行游戏。

2. KUSO

ＫＵＳＯ在日文中原本是可恶、大便的意思，但对目前网络E时代的青年男女而言，ＫＵＳＯ则代表恶搞、无厘头、好笑的意思，通常指离谱的有趣事物。

3. 骨灰

骨灰并不是一句损人的话，反而有种怀旧的味道。骨灰级游戏是形容这款游戏在过去相当知名，而且该游戏可能不会再推出新作，或已经停产。

4. 街机

街机是一种用来放置在公共娱乐场所的商用大型专用游戏机。

5. 游戏资料片

游戏资料片是游戏公司为了弥补游戏原来版本的缺陷，在原版本程序、引擎、图像的基础上，新增包括剧情、任务、武器等元素的内容。

6. 必杀技

通常在格斗游戏中出现，是指利用特殊的摇杆转法或按键组合所使用出来的特别技巧。

7. 超必杀技

超必杀技指的是比一般必杀技的损伤力还要强大的强力必杀技。通常用在格斗游戏中，但它是有条件限制的。

8. 小强

小强就是讨厌的"蟑螂"，在游戏中代表打不死的意思。

9. 连续技

连续技以特定的攻击来连接其他的攻击，使对手受到连续损伤的技巧（超必杀技造成的连续损伤通常不算在内）。

10. 贱招

贱招是指使用重复的伎俩让对手毫无招架之力，进而将对手打败。

11. 金手指

金手指是一种外围设备，可用来改变游戏中的某些数值的设置值，进而达到在游戏中顺利过关的目的。例如利用金手指将自己的金钱、经验值、道具增加，而不是通过正常的游戏过程来提升。

12. Bug

Ｂｕｇ即是"程序漏洞"，俗称"臭虫"。它是指那些因游戏设计者与测试者疏漏而遗留在游戏中的错误程序，严重的话将会影响整个游戏作品的质量。

13. 包房

游戏包房，是在游戏场景中，常在出现怪物的地点等候，并且不与其他玩家共享怪物的地方。

14. 秘技

秘技通常指游戏设计人员遗留下来的Ｂｕｇ或故意设置在游戏中的一些小技巧，在游戏中输入某些指令或触发一些情节就会发生一些意想不到的事件，其目的是为了让玩家享受另外一个游戏中的乐趣。

15.Boss

Boss是"大头目"的意思，一般指在游戏中出现的较为强大有力且难缠的敌方对手。这类敌人在整个游戏过程中一般只会出现一次，且常出现在某一关的最后，而不像小只的怪物可以在游戏中重复登场。

16.E3

E3是The Electronic Entertainment Expo的缩写，指的是美国电子娱乐展览会。目前，它是全球最为盛大的电脑游戏与视频游戏的商业展示会，通常会在每年的五月举行。

17.MP

MP是Magic Point的缩写，指的是角色人物的魔法值。一旦某个角色拥有的MP用完，就不能再用魔法招式。

18.HP

HP即是Hit Point的缩写，它指的是"生命力"的意思。在游戏中代表人物或作战单位的生命值。一般而言，HP为0即表示死亡或是Game Over。

19.Crack

Crack指的是针对游戏开发者设计的防复行为进行破解，从而就可以复制母盘。

20.Experience Point

Experience Point即"经验点数"。通常出现在角色扮演类游戏中，以数值来计量人物的成长，如果经验点数达到一定数值之后，人物的能力便会升级。

21.Alpha测试

Alpha指在游戏公司内部进行的测试，也就是在游戏开发者控制环境下进行的测试工作。

22.Beta测试

指交由选定的外部玩家单独来进行，而不在游戏开发者控制环境下进行的测试工作。

23.王道

王道表示认定某个游戏最终结果是个完美结局。

24.小白

小白表示玩家有很多不懂的地方。

25.Storyline

Storyline是"剧情"的意思，换句话说，也就是游戏的故事大纲，通常可分为"直线型""多线性"以及"开放型"三种剧情主轴。

26.Caster

Caster指游戏中的施法者，在《魔兽争霸》游戏中比较常见。

27.DOP

Damage Over Power的首字母缩写，指在游戏进行一段时间内对目标造成的持续伤害。

28.活人

活人指游戏中未出局的玩家，相对应的是"死人"。

29.FPS

Frames Per Second(每秒传输帧数)的缩写。NTSC标准是国际电视标准委员会所制订的电视标准，其中基本规格是525条水平扫描线的FPS为30帧，不少计算机游戏的显示数都超过了这个数字。

30.GG

GG即Good Game(好玩的一场比赛)，常常在联机对战比赛间隔中，对手赞美上一回合棒极了。

31.Patch

Patch(补丁)是指设计者为了修正原游戏中程序代码而提供的小文件。

32.Round

Round(回合)通常是指格斗类游戏中双方较量的一个回合。

33.Sub—boss

Sub—boss(隐藏头目)是在有些游戏中隐藏更厉害的大头目，他通常出现在即将通关时。

34.MOD

MOD是Modification的缩写。有些游戏的程序代码是对外公开的，如《雷神之锤2》，玩家们可以依照原有程序修改，甚至可以写出一套全新的程序文件，就叫作MOD。

35.Pirate

Pirate指目前十分泛滥的盗版游戏。

36.MUD（Multi—User Dungeon）

Multi—User Dungeon（多用户城堡）是一种类似ＲＰＧ的多人网络联机游戏，但目前多为文字。

37.Motion Capture

动态捕捉是一种可以将物体在3D环境中运动时转为数字化的过程，通常用于3D游戏的制作。

38.Level

关卡也叫作Stage,指游戏中一个连续完整场景，而Hidden Level则是隐藏关卡，在游戏中隐藏起来，可由玩家自行发现。

39.新开服务器

随着网络游戏的会员人数增加，大量玩家进入游戏造成服务器负荷过多，为了缓解这些新增玩家带来的服务器压力，就必须新开服务器，以利于所有玩家拥有更好的游戏品质。

40.封测

封测是指封闭式测试，目的是为了在游戏正式发布前先找到游戏的错误，以确保游戏上市后有较佳的品质。封测人物资料在封测结束后会删除，封测主要是测试游戏内的Bug。

思考与练习

1. 何谓 APP? 何谓 APP Store? 请简述之。
2. 简述游戏平台的意义与功能。
3. 简述掌上型游戏机的功能与特色。
4. 简述游戏的定义与组成元素。

第二章
体验游戏设计

随着人们生活水平的日益提高和信息科技的不断进步，电子娱乐逐渐取代传统的电影与电视的地位，继而成为家庭休闲方式的最新选择。当21世纪来临时，游戏已经成为人们日常生活中不可或缺的一部分。

第一节 游戏的主题

早期的游戏没有现在成熟的多媒体技术与计算机高性能的支持，只是凭借着所谓的"好玩"来带给玩家经久不衰的怀念。但是，不管是以前还是现在，对于任何一款游戏只要有好的游戏开发构架与创新的细节规则，就一定能获得玩家的青睐，千万不可过分追求主机硬件性能与五光十色的多媒体技术。

我们在设计一款游戏的时候，首先必须确定游戏主题（Game Topic）。通常，具有普遍意义的主题适合于各种文化背景的玩家，如爱情主题、战争主题等，这些主题很容易引起玩家的共鸣。如果游戏题材比较老旧，那就不妨试着从一个全新的角度来诠释这个古老的故事，赋予它前所未有的呈现方式。旧瓶里装新酒，让玩家感觉到游戏具有独特的创意。

游戏的主题必须明确，这样玩家对于游戏才有认同感与归属感。游戏主题的建立与强化，可以从以下六个方面着手。

一、背景

一旦定义出游戏所存在的时代，接下来就必须去描述游戏中剧情发展所需要的各种背景元素。根据定义的时间与空间，还要设计出一连串的合理背景，如果在游戏中常常出现一些不合理的背景，例如，将时代定义在汉朝末年的中原地区，背景却出现了现代的高楼大厦或汽车，除非

有合理的解释，要不然玩家会被游戏中的背景搞得晕头转向，不知所措。

其实，背景包括了每个画面所出现的场景。例如，《巴冷公主》的故事场景都发生在原住居民部落中，所以每一处景物都必须符合那个时代土著居民的生活所需，如山川、树林、沼泽、洞穴、建筑物等都利用3D来刻画，力求保留原住居民的原始风味，以及原汁原味的鲁凯部落及百步蛇图腾的花纹样式。（图2-1-1、图2-1-2）

图2-1-1 《巴冷公主》

图2-1-2 原汁原味的鲁凯部落及百步蛇图腾的花纹样式

二、时代

"时代"因素用来描述整个游戏运行的时间与空间，它代表的是整个游戏中主角人物所能存在的时间与地点。所以"时代"具有时间和空间的双重特性。单纯以时间特性来说，时间可以影响游戏中人物的服饰、建筑物的构造以及合理的周边对象。明确游戏发生的时间背景才会让玩家觉得整个游戏剧情的发生发展合情合理。

"时代"的空间特性指的是游戏故事的存在地点，如地上、海边、山上或者是太空中，其目的是要让玩家可以很清楚地了解到游戏存在的方位。所以时代因素主要是描述游戏中主角存在的时空意义。例如，《巴冷公主》游戏演绎的是一千多年前屏东小鬼湖附近的故事（图2-1-3、图2-1-4）。

三、故事

一个游戏精彩与否取决于它的故事情节是否能够吸引人。具有丰富的故事内容能让玩家比较满意，如《大富翁》这款游戏，它并没有一般游戏的刀光剑影、金戈铁马，而以繁华都市的房地产投资、炒股赚钱为主线，通过相互陷害的故事情节来提高故事的吸引力。

当我们定义了游戏发生的时代与背景之后，就要编写游戏中的故事情节了。故事情节是为了增加游戏的丰富性，故事情节的安排上最好让人捉摸不定、高潮迭起。当然，合理性是最基本的要求，不能突发奇想就胡乱安排。例如，许多原住居民都认为自己是太阳之子，当然这是一种民俗传说，但旁人必须予以尊重。在《巴冷公主》中，故事情节就巧妙地对此加以合理神化，以下是部分内容。

且说"太阳之泪"的传说来自阿巴柳斯家族第一代族长，他曾与来自大日神宫的太阳之女发生了一段可歌可泣的恋情。当太阳之女奉大日如来之命，决定返回日宫时，伤心地流下了泪水，这泪水竟然化成了一颗颗水晶般的琉璃珠。

图2-1-3 《巴冷公主》

图2-1-4 《巴冷公主》

她的爱人串起了这些琉璃珠，并将其命名为"太阳之泪"。"太阳之泪"一方面是他们两人恋情的见证，另一方面也保护着她留在人间的代代子孙。传说中"太阳之泪"具有不可估量的神力，对一切的黑暗魔法与邪恶力量有着相当强大的净化能力。

只有阿巴柳斯家族的真正继承人才有资格佩戴这条"太阳之泪"项链，在巴冷十岁时，朗拉路送给她的生日礼物，也宣示她即将成为鲁凯族第一位女头目。

故事剧情的好坏判断因人而异，这取决于玩家自己的感受。而故事剧情是游戏的灵魂，它不需要高深的技术与华丽的画面，但绝对有着举足轻重的作用。（图2-1-5）

图2-1-5 《巴冷公主》的故事情节是一段远古的爱情故事

四、人物

通常玩家最先接触到的是玩家所操作的人物与游戏中其他角色的互动，因此在游戏中必须刻画出正派与反派角色，而且最好每一个角色人物都有自己的个性与特色。只有这样，游戏才能淋漓尽致地展现出人物的特质。人物特质包括了人物的外形、服装、性格与其所使用武器等。好的人物设计更能让玩家在操作主角人物时深入其境、浑然忘我。图2-1-6为《巴冷公主》中的人物造型。

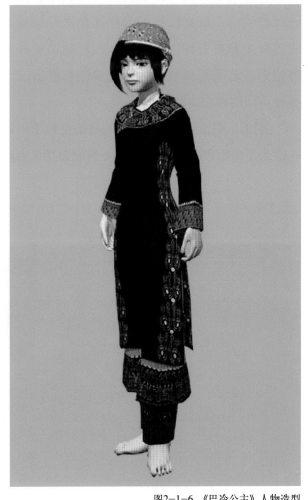

图2-1-6 《巴冷公主》人物造型

五、目的

游戏的"目的"是要让玩家有继续玩的理由。若没有明确的游戏目的，相信玩家可能玩不到十分钟就会觉得枯燥无味。不管是哪一种类型的游戏都有其独特的玩法与最终目的，而且游戏中的目的有时不仅仅只是一种，如同有些玩家为了让自己所操作的人物达到更强的程度，会拼命地提升自己主角的等级，有些玩家为了故事剧情的发展而去拼命地打敌人，或者是为了得到某一种特定的宝物而去收集更多的游戏元素等。

好的关卡设计就是表现游戏目的的最佳方式，通常它会在游戏的桥段隐藏惊奇的宝箱、神秘的事情，或者是惊险的机关、危险的怪兽。无论是哪一种，对于开发者而言就是将场景和事件结合，建立任务的逻辑规范。在《导火线》游戏中，就可以看到开发者利用非线性设计的关卡，玩家以第三人称视角进行游戏，闯关时主角有五种主要武器及四种辅助武器可供使用，若运用得当则这些武器能变换出二十多种不同的攻击方式。

例如，《巴冷公主》游戏的目的是蛇王阿达礼欧为了迎取巴冷为妻，毅然决然地去找寻由海神保管着的七彩琉璃珠，历经三年的冒险，路途中遭遇各种可怕的敌人，阿达礼欧最终带着七彩琉璃珠归来，并依照鲁凯族的传统，通过了抢亲仪式的考验，带着巴冷公主一同回到鬼湖过着幸福美满的生活。游戏内容中的每个关卡都巧妙地安排各种事件，依照事件的特性编排不同的玩法。就游戏的地图而言，它以精确的考据及精美的画工为重要诉求点，并提供给玩家游戏路线。我们并不希望玩家在森林或地道里面迷路，而希望玩家可以在丰富多变的关卡里找到不同的过关方法。（图2-1-7、图2-1-8）

六、尝试游戏项目设置

学习建立游戏主题相关的内容之后，我们马上就来做一个热身练习，尝试设计一个简单的游戏主题。首先从"时代"因素说起，例如，设计一个未来时空，在未来时空中，有一个如同仙界的精灵国度，而周围的沙漠是一群怪兽的活动之地。丑陋的怪兽们总是想霸占整个星球，于是不断地想尽办法来对付精灵国的人们。这个例子简短的描述就交代清楚了游戏的"时代"与"背景"。

图2-1-7 《巴冷公主》中的森林地图

图2-1-8 《巴冷公主》中的地道地图

定出了"时代"与"背景"要素后，接着开始拟订游戏故事的剧情内容，例如，为了打败怪兽，精灵们决定从他们国家的各个地方挑选出几个英勇的战士，主角就在这几个战士中产生。主角为了打败怪兽，在冒险的旅途中开始召集各地的英勇战士，在召集的过程中，战士之间还会发生一些爱恨情仇的小插曲。这些内容就可当作整个游戏的"故事"大纲。

有了前三项的要素之后，接下来可以开始初步设计基本的演出角色，如男主角、女主角、反派角色等。在这里，可以先设计男主角的出身背景，男主角年约20出头，出生在F星球精灵国度中的一个小城镇中，是一个从小父母双亡的孤儿。在勇士选拔赛中被选中，国王告诉男主角前因后果之后，男主角决定担负起这个重大责任。初步的男主角人物设计参数如表2-1-1所示，对应的角色原画如图2-1-9所示。

表 2-1-1 男主角人物设计参数

特征名称	设置值
姓名	瓦特诺
年龄	22
身高	182厘米
体重	65千克
个性	外表冷漠、内心善良、拥有特殊神力
衣着	F星球骑士的传统服饰
人物背景	体形修长、高大壮硕

图2-1-9 男主角角色原画

而女主角则是魔法师的女儿，可爱勇敢，冰雪聪明，喜欢冒险，精通骑射，与男主角共同冒险抗敌。人物设计参数如表2-1-2所示，角色原画如图2-1-10所示。

表 2-1-2 女主角人物设计参数

特征名称	设置值
姓名	爱丽丝
年龄	19
身高	168厘米
体重	47千克
个性	聪慧玲珑、拥有特殊魔法
衣着	F星球便利的骑射装
人物背景	高挑美丽、勇敢善良

图2-1-10 女主角角色原画

第二节 游戏的相关设置

要设计并制作一款受人欢迎的游戏，必须注重游戏内容的合理性与一致性，因此在许多呈现方式上都必须做预先的设置。本节中我们将从美术风格、道具、主角风格三方面来讨论设置的原则与方式。

一、美术风格

美术风格，简单形容就是一种视觉角度的市场定位，以便吸引玩家的眼光。在一款游戏中，应该要从头到尾保持一致的风格。游戏风格的一致性包括人物与背景特性、游戏定位等。在一般的游戏中，如果不是特殊的剧情需要，尽量不要让游戏中的人物说出超越当时历史场景的语言，这就是时代的特征。

二、道具

游戏中的道具设计也要注意它的合理性，就如同不可能将一辆大卡车装到自己的口袋里一样。另外，在设计道具的时候，也要考虑道具的创意性。例如，我们完全可以让玩家用事先准备好的道具来玩游戏，也可以让玩家自行设计道具。当然，无论使用什么样的形式，都不能违背游戏风格一致性的原则。如果我们让巴冷公主用手枪来歼灭怪物，那肯定让玩家哭笑不得。（图2-2-1）

三、主角风格

游戏中的主角绝对是游戏的灵魂，只有出色的主角才能让玩家在我们设计的游戏世界中流连忘返，只有这样才能演绎出让人欲罢不能的故事剧情，游戏也就有了成功的把握。事实上，在游戏中主角不一定非要是一名正直、善良、优秀的好人，他也可以是邪恶的，或者是介于正邪之间让人又爱又恨的角色。

从人性弱点的角度看，有时邪恶的主角比善良的主角更容易使游戏受大众欢迎。如果游戏中的主角能够邪恶到既让玩家厌恶又不忍心甩掉的地步，那么这款游戏就成功一半了，因为玩家会更想弄清这个主角到底能做什么坏事、会有什么下场，这种打击坏人、看坏人恶有恶报的心态则更容易抓住玩家的心。

例如，游戏《石器时代》（图2-2-2）是发生在大家印象中野蛮的石器时代。说到野蛮，其实也并不尽是如此，在那个世界上有很多肉眼看不到的精灵们，它们栖息在道具、武器和防具之中，好让人们更容易使用各项器具，并给予人们莫大的勇气，治疗人们的疾病，赋予人们力量。另外还有很多前所未见的变形动物以及大家十分感兴趣的恐龙等，它们会一一出现。玩家不只在战斗中可以碰见它们，在平时还可以把它们作为宠物来豢养。如果玩家能够收集所有的恐龙宠物，就可以通过照相功能做成一个恐龙图鉴大全。

还有一点要注意，当我们在设计主角风格时，千万不要将它太脸谱化、原形化，不要落入俗套。简单地说，就是不要将主角设置得过于"大众化"。主角如果没有自己的独特个性、形象，玩家就会感到平淡无趣。

图2-2-1《巴冷公主》中符合当时原住民风格的经典道具

图2-2-2 《石器时代》

图2-3-1 《石器时代》游戏中的操作主界面

第三节 游戏的界面设计

对于一套游戏来说，与玩家直接接触的就是环境界面。设计环境界面不是想象中的那么简单，它并不是把单选按钮、文本框随便安排到画面上就结束了。设计环境界面需要从剧情内容的架构、操作流程的规划、互动组件的选择、页面呈现的美学等方面进行综合考虑。其实，环境界面的主要功能就是让玩家使用游戏提供的命令，或向玩家传达游戏的信息。当游戏如火如荼地进行的时候，环境界面的好坏绝对会影响到玩家的心情，因此，在环境界面的设计上也要下一点功夫才行。如《石器时代》游戏中有远古时期原始风格的操作主界面（图2-3-1）。

环境界面设计的最简单原则是：尽量采用图像或符号来代表指令的输入，尽量少用单调呆板的文字菜单。如果非要使用文字的话，也不一定要使用一成不变的菜单，我们可以使用更新潮的形式来表达。

一、人性化界面

从环境界面的功能来说，它是一种介于游戏与玩家之间的沟通渠道。所以，如果它的人性化设计成分越多，玩家使用起来就越容易与游戏沟通。以《古墓丽影》的ＰＣ版来说，为了配合劳拉的动作变化，除了基本操作的方向键之外，可能还要加入Shift或Ctrl键，因此在发展到《古墓丽影7》时，罗拉不只有水中的动作，身上还有望远镜、绳索及救生包等器物。进入游戏系统后，用平行窗口还是子窗口进行控制比较好，要不要储存按键信息等，这些都在考验着开发者的智慧。如果艺术和使用功能并进，则会增加游戏的耐玩度。如养成类游戏的界面都以讨喜可爱风居多。如果一个游戏的界面操作困难，即使故事性十足，玩家也有可能放弃它。

例如，有些实时战略类游戏的界面就做得非常人性化。当玩家单击敌方的部队时，游戏界面上会出现"攻击"图标，而当我们单击地图上某一个地方时，游戏界面上则会出现"移动"图标，诸如此类。在游戏中不会看到一堆无用的说明，整个画面让玩家看起来干净、简洁，即使没有说明书，也可以直接上手操作（图2-3-2）。

二、无界面界面

在《黑与白》（Black & White）这款游戏中有一种让人非常感动的游戏环境界面，那就是"无声胜有声的界面"，也就是"无界面界面"。换句话说，玩家在游戏中看不到任何固定的窗体、按钮或菜单，它利用鼠标的滑动方式来下达"辅助命令"。

"辅助命令"就是除了捡取物品、丢掉物品或点选人物之外的功能命令。如《黑与白》（图2-3-3)游戏中，我们要换牵引圣兽的绳子时，只要利用鼠标在空地上画出我们所要的绳子命令，就可以换下圣兽上的绳子。

图2-3-2 界面操作人性化

图2-3-3 《黑与白》

第四节 游戏的流程

在定义了游戏主题与游戏系统后，我们就可以尝试画出整个游戏的概略流程架构图，以用于设计与控制整个游戏的运作过程。首先可以从两个基本方向来定义，那就是游戏要"如何开始"和"如何结束"。

一、倒叙与正叙

倒叙法就是将玩家所在的环境先设置好，换句话说，就是先让玩家处于事件发生后的状态，然后再让玩家自行回到过去，让他们自己去发现事件到底是怎样发生的，或者让玩家自行去阻止事件的发生。《神秘岛》（图2-4-1）这款AVG游戏就是最典型的例子。

正叙法就是以普通表达方式，让游戏剧情随着玩家的遭遇而展开。换句话说，玩家对于游戏中的一切都是未知的，而这一切都在等待玩家自己去发现或创造。一般而言，多数游戏都是以这样的陈述方式来描述故事剧情的，如《巴冷公主》游戏采用的就是这种方式。

二、电影技巧与游戏相结合

近几年当红的游戏不少都是将电影里的拍摄法应用在游戏上，这使得玩游戏更像看电影，让玩家大呼过瘾。如Square（史克威尔）公司推出的《最终幻想》（图2-4-2）游戏系列，它将现今电影的制作手法加入游戏中，画面精美感人，从而大受游戏玩家的欢迎。

电影拍摄规律也可以用于游戏。例如，在电影拍摄中有一个相当流行的规律，就是在移动的时候，摄影机的位置与角度不能跨越两物体的轴线。

图2-4-1 《神秘岛》

图2-4-2 画面精美的游戏系列《最终幻想》

当摄影机在拍摄两个物体的时候，这两个物体之间的连线称为"轴线"。当摄影师在A处先拍摄对象2之后，下一个镜头，就应该要在B处拍摄对象1，其目的是要让观众感觉物体在屏幕上的方向是相对的。遵循正确的规律进行拍摄后，游戏播放时就不会让观众在视觉方向方面造成困扰。（图2-4-3）

三、人称视角

游戏与电影不同的地方就是近年来游戏产业在制作游戏时的一种趋势：利用各种摄影技巧，变更玩家在游戏中的"可视画面"。就拿上述规律来说，也不是严格规定不能跨越这条轴线，只要将摄影机的移动过程让观众看到，而且不把绕行的过程减掉，那么观众便可以自行去调整他们的视觉方位。通常，我们可以将这种手法运用在游戏的过场动画中。这种类似于摄影的规律可以应用在一般游戏中。通常，按玩家的角度（视角）进行划分，人称视角分为"第一人称视角"和"第三人称视角"。

1. 第一人称视角

所谓的第一人称视角就是以游戏主人公的身份来介绍剧情。通常在游戏屏幕中不出现主人公的身影，这让玩家感觉到他们自己就是游戏的"主人公"。第一人称视角游戏更容易让玩家投入到游戏的情景中。从摄影角度来讲，至少从X，Y，Z与水平方向四个角度来定位摄影机以拍摄游戏的显示画面。玩家可以通过光标来左右旋转摄影机的角度，或上下移动（垂直方向）调整摄影机的拍摄距离。这种形式的摄影机并不是固定在原地的，而是可以在原地做镜头旋转，用以观察不同的方向。

事实上，自首个第一人称视角射击游戏《德军总部3D》（图2-4-4）推出以来，越来越多的游戏开始以第一人称视角来制作游戏画面。第一人称视角不仅仅应用在射击类游戏上，其他类型的游戏（SPT、RPG、AVG，某些以Flash软件制作的第一人称虚拟电影）也允许玩家通过"热键"（Hot Key）的方式来切换摄影机在游戏中的拍摄角度。不过，第一人称视角的游戏，在编写上比第三人称视角游戏难度大。以欧美国家来说，它们所制作的RPG游戏习惯用第一人称视角的方式，如《魔法门》系列。

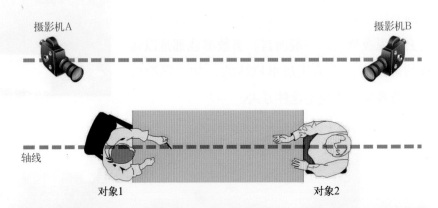

图2-4-3

图2-4-4 第一人称视角射击游戏《德军总部3D》

2. 第三人称视角

第三人称视角是以一个旁观者的角度来看游戏的发展。虽然玩家所扮演的角色是一个"旁观者",但是在玩家的投入感上,第三人称视角的游戏不会比第一人称视角的游戏差。在普通的2D游戏中,我们一般感觉不到摄影机的存在,但可以利用摄影技巧,从某个固定的角度拍摄游戏画面,并提供缩放控制操作,模拟3D画面的处理效果,其实这也是对"第三人称视角"的应用。这种形式的摄影机的移动方式是以某一点为中心做圆周运动,并保持摄影机镜头朝向中心点,相当于是追踪某一个点。

就笔者而言,比较喜好第三人称视角的游戏,因为在玩第一人称的视角游戏时,经常被弄得昏头转向。《巴冷公主》(图2-4-5)采用的就是第三人称视角。另外,在第三人称视角的游戏中,也包括利用不同的方式来加强玩家对游戏的投入感。例如,玩家可自行输入主人公的名字或自行挑选主人公的脸谱等。但是,千万不要在同一款游戏中随意做视角间切换,这样会导致玩家对游戏困惑不解。通常,只有在游戏过关演示动画或游戏交代剧情的时候才有机会使用这种不同视角的切换。

四、对话艺术

对话在表演类艺术中非常重要。为了凸显游戏中每一个人物的性格与特点,有必要在游戏中确定每个人的说话风格。此时,游戏的主题也会在对话中得以实现。例如,《巴冷公主》(图2-4-6)中两个头目的对话内容非常沉稳庄重。

通常,一款游戏中至少要出现50句以上常用且充满趣味的对话,而且它们之间又可以互相组合。如此一来玩家才不会觉得对话过于单调无聊。对话还要尽量避免过于简单的字句出现,如"你好""今天天气很好"等。事实上,对话内容可以加强剧情张力,所以游戏中的对话不要太单调呆板,应该尽量夸张一些,必要的时候,补上一些幽默笑话,并且不必完全拘泥于时代的背景与题材的限制,毕竟游戏是一项娱乐产品,目的是为了让玩家在游戏中得到最大的享受和放松。

图2-4-5 第三人称视角游戏《巴冷公主》

图2-4-6《巴冷公主》

第五节 游戏不可预测性的应用

人类的好奇心很重，越是扑朔迷离的事情越感兴趣。而游戏中所要表达的情境因素非常重要，只有满足人的本性才能牵动人心，才能使玩家真正沉醉于游戏中。如制造悬念可为游戏带来紧张和不确定因素，目的是勾起玩家的好奇心，让他们猜不出下一步将要发生什么事情。如游戏设计者可以在一个奇怪的门后面放一些玩家需要的道具或物品，但门上有几个必须开启的机关，如果开启错误机关，会引起粉身碎骨的爆炸。虽然玩家不知道门后面到底放置些什么物品，但可以通过外围提示使玩家了解这个物品的功能，同时也知道打开门之后可能发生的危险。因此，如何安全打开门就成为玩家费尽心思解决的问题。由于玩家并不知道游戏会如何发展，所以玩家对于主角的行动有了忐忑不安的期待与恐惧。

一、关卡

在游戏发展过程中，玩家就是通过不断积累经验与不可预测性的事件抗争，如此一来，便提升了游戏对玩家的刺激感，这就是游戏关卡的应用。别出心裁的关卡设计可以弥补游戏趣味不足的缺陷。通常它会在游戏中隐藏惊奇的宝箱、惊奇的机关、危险的怪兽，或者隐藏关卡、人物、过关密码等。如《导火线》（图2-5-1）中以非线性方式设计关卡，玩家能以第三人称视角玩游戏，闯关使主角可以使用五种主要武器及四种辅助武器，若运用得当，这些武器能变换出二十多种不同的攻击方式。主人翁在完成使命的过程中必须巧妙利用机器的智能操作闯过七个关卡。

事实上，当玩家通过游戏的关卡时，设计者也可以给玩家一些意想不到的奖励，如精彩的过场动画、漂亮的画面，甚至可以让玩家得到一些稀有的道具等。这些惊喜非常有意思，但有一点要注意，这些设计不能影响游戏的平衡度，毕竟这些设计只是一个噱头而已。

图2-5-1 射击类游戏《导火线》

二、游戏的交互性

另一种制造游戏不可预测性气氛的方法则是利用游戏的交互性。游戏的交互性指的是游戏对于玩家在游戏中所做的动作或选择做出的某种特定的反应。例如，主角来到一个村落中，村落里没有人认识他，因此村里的人会拒主角于千里之外。但是当主角解决了村落居民所遇到的难题之后，主角便在村落中声名大震，因而可以在村民的帮助下得到下一步任务的执行线索。我们再举一个很简单的例子，在游戏中有一个非常吝啬的有钱人，这个有钱人平常就不太理会主角，但是在一个机缘下主角救了他，而后当他遇到主角时，态度则会发生一百八十度的大转变。要实现诸如此类的效果，可以在主人翁身上加上某些参数，使得他的所作所为足以影响到游戏的进行和结局。这种有明显的前因后果的关系称为线性交互，线性交互又可细分为线状结构与树状结构。

游戏的非线性交互指的是开放性结构，而不是单纯的单线性或多线性。一般来说，游戏的结构应该是属于网状非线性结构，而不是线状结构或是树状结构。在非线性交互游戏中，游戏的分支交点可以互相跳转（图2-5-2）。

事实上，在游戏中使用非线性交互结构来推动剧情的发展更容易让玩家体会到高深莫测的神秘感。

如果从游戏的不可预测性来看，可以将游戏分成技能游戏和机会游戏。

1.技能游戏

技能游戏的内部运行机制是确定的，而不可预测性产生的原因是游戏设计者故意隐藏了运行机制。玩家可通过了解游戏的运行机制来接触这种不可预测性事件。

2.机会游戏

机会游戏中游戏本身的运行机制是模糊的，它具有随机性，玩家不可能完全通过对游戏机制的了解来消除不可预测性事件，而游戏动作所产生的结果也是随机的。

三、情景的感染

上面讲述的都是利用游戏执行流程来控制悬念，其实还有一种"情景感染法"，它借助周边的人物、情境来烘托某个角色的特质。例如，洞中有个威猛无比的可怕怪物，当主角走进漆黑洞穴时，赫然看到满地的骨骸、尸体。或者在两旁的墙壁上，有许多人被不知名的液体封死在上面，接着传来鬼哭狼嚎的惨叫。这种情景感染的手法是通过间接展示这只怪物令人胆寒的威力让玩家不寒而栗，产生即将面对生死存亡的恐惧感。（图2-5-3、图2-5-4）

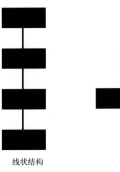

线状结构

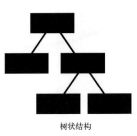

树状结构

网状结构

图2-5-2 游戏的几种交互结构

图2-5-3 恐怖游戏《寂静岭》

图2-5-4 恐怖的场景能让玩家深入其中

图2-5-5 《红色警戒》

四、游戏节奏的控制

游戏节奏的流畅性也是紧扣玩家心弦的法宝之一，因此在制作一款游戏的时候要明确指出游戏中的时间概念与现实生活中的时间概念之间的区别。游戏中的时间是由定时器控制的，而这种定时器又分为真实时间定时器和事件时间定时器。

1.真实时间定时器

真实时间定时器就是以现实世界的时间来规定游戏中的每局游戏的时段，一般多数的即时战略游戏和第一视角的射击游戏会采用这类的定时器。当规定的时间结束，占优势的一方则获得优胜，类似《反恐精英》和《毁灭战士》就是使用真实时间定时器的游戏。

2.事件时间定时器

事实上，有些游戏也会轮流使用两种定时设备，或者同时采用两种定时的表现方式。如《红色警戒》（图2-5-5）中的一些任务关卡的设计。过关要求会显示："指挥官，现在是2045年3月，在2046年3月前击败敌人。"在游戏的设定中实际上是10秒等于一天，那么实际上玩家的游戏时间只有1小时而已。在实时计时类游戏中，游戏的节奏是直接由时间来控制的，但对于其他类游戏来说，真实时间的作用就不是很明显，基本上都是靠游戏中的时间定时器来控制。

当红游戏大多都会尽量让玩家来控制整个游戏的节奏，较少由游戏本身来控制。如果必须由游戏本身来控制的话，游戏设计者也要尽量做到让玩家难以察觉。例如，在冒险类游戏（Adventure Game，简称AVG）中，可以调整玩家的活动空间（ROOM）、玩家的活动范围（游戏世界）、游戏谜题的困难度等，这些调整都可以改变游戏本身的节奏。在动作类游戏（Action Game，简称ACT）中，则可以通过调整敌人的数量、敌人的生命值等方法来改变游戏本身的节奏。在RPG游戏中，除了可以采用与AVG游戏类似的手法外，还可以调整事件的发生频率、敌人的强度等。总之，尽量不让游戏拖泥带水。一般情况下，游戏越接近尾声，游戏的节奏就会越快，这样一来玩家就会感觉到自己正逐渐加快步伐进而接近游戏的结局。

五、游戏输入设备

一款游戏只有精致的画面、动听的音效与引人入胜的剧情还是不够的，它还必须拥有人机交互的良好操作方式，这就有赖于游戏输入设备，借助游戏输入设备，玩家可以体验到更加精彩的游戏世界。

对于早期的游戏，主要的输入设备是键盘或者鼠标，也有些游戏同时把鼠标和键盘作为输入设备。键盘有键盘的控制模式，鼠标有鼠标的控制模式，两者互不相关。就一个单纯的玩家而言，复杂的输入环境不但令玩家非常困扰，而且键盘按键的组合往往又不容易记忆，一套游戏这么多按钮才可以进行，当按向上箭头键，车子会加油前进，按向下箭头键，车子会刹车，而换挡则是1，2，3，4，5这几个键，切换第一人称视角用F1键，切换第三人称视角用F2键，如此复杂的组合键，搞得玩家晕头转向。

笔者曾经玩过一种第三人称视角的3D游戏，其人物的移动控制键分别为上、下、左、右箭头键，手攻击用A键、脚攻击用S键、跳跃用空格键。由于它的左右键是控制人物的左右移动的，一旦要执行转身动作，就要使用鼠标。没有遇到敌人还好，一旦遇到敌人的时候两只手便得迅速地在鼠标与键盘之间穿梭，不要说打敌人了，就连主角要移动都来不及了，这时候就算是一个电玩高手来玩，他也没有办法控制得很好。虽然键盘可以下达许多不同的命令，但是对于一种游戏而言，不方便的输入模式绝对会让玩家手足无措，完全摸不着游戏的方向。对于游戏设计者而言，游戏输入设备是玩家与游戏沟通时真正接触的实体界面，互动性的好坏直接影响到玩家对游戏质量的评价，所以必须要细心规划、设计。总而言之，如果没有良好贴心的输入控制机制，就算游戏画面再华丽、故事题材再动人也都是枉然。

第六节 游戏设计的死角

对于一个经验丰富的游戏设计者来说，都很容易出现以下三种死角："死路""游荡"和"死亡"。

一、死路

"死路"指的是玩家在游戏进行到一定程度后，突然发现自己进入了绝境，而且竟然没有可以继续进行下去的线索与场景。"死路"也可以称为"游戏的死机"。通常，之所以会出现这种情况，是因为游戏设计者对游戏的整体考虑不够全面，也就是没有将所有游戏中可能出现的流程全部计算出来。当玩家没有按照游戏设计者规定的路线前进时，就很容易造成"死路"现象。

二、游荡

"游荡"指的是玩家在地图上移动时，很难发现游戏下一步发展的线索和途径。这种情况玩家将它称为"卡关"。虽然这种现象在表面上与"死路"类似，但两者本质却不相同。通常，解决"游荡"的方法是在故事发展到一定程度时，把地图的范围缩小，让玩家可以到达的地方减少。或者是让游戏路径的线索明显地增加，让玩家可以得到更多提示，从而可以轻松找到故事发展的下一个目标。

三、死亡

通常，游戏主角死亡的情况分成两种，这也是开发者容易弄错的地方。

第一种是因目的而死亡。这是一种配合剧情需要设计的假死亡。例如，当主角被敌人"打死"（其实只是受到重伤而已），却很幸运地被一个世外高人所救，并且从这个高人身上学习到一些厉害招式后又重出江湖。

第二种是真正的结束。这种死亡是真正的"Game Over（游戏结束）"，是让玩家所操作的主角面临真正的死亡。一般而言，玩家必须重新开始或读取存储在电脑中的原有进度，这样游戏才能继续。

第七节 游戏设计的剧情

有些游戏会让玩家觉得索然无味，有些则是百玩不厌，究其原因关键在于游戏的剧情张力，这也是影响游戏耐玩度的重要因素。从目前市场上的游戏来看，可以将它分成两种，一种是有剧情的感官性游戏，另一种是无剧情的刺激性游戏。

一、有剧情式

有剧情式游戏侧重于游戏带给玩家的剧情感触。这种游戏的主要目的是让玩家随着游戏中编排的故事剧情感受游戏。在游戏中，会先让玩家了解所有的背景、时空、人物、事情等要素，然后玩家就可以依照游戏剧情的排列顺序往下进行。比如，在一般的角色扮演类游戏中，玩家会扮演故事中的一名主角，而剧情则围绕这名主角周围发生的大小事展开，所以有剧情游戏的特点是用"故事"来引导玩家。《巴冷公主》就是这种类型。

对于有剧情游戏，如果剧情精彩，绝对会增加游戏的耐玩度。通常，游戏设计者会利用剧情来增强游戏效果，而剧情安排方式又可以划分为三种类型。当然，一款游戏中有时会穿插不同的剧情安排方式。

A君向着B君

A君说："听说山林中出现了一些怪物。"

B君说："嗯！"

A君说："这些可怕的怪物好像会吃人。"

上面这段对话平淡无奇，很难从对话的内容去推断当时的氛围到底是"不以为然"还是"忧心忡忡"，既然连设计者都不能判断它的意境，那就更不用说玩家了。不过，如果将上述对话修改，将大大增加情境感染力。

A君背上背着一把短弓，腰上系着一把生锈的短刀，面色凝重地向着B君。

A君以微微颤抖的双唇说道："前几天，我的兄长清早到山林中砍柴，可是他这一去就去了好几天，不知道是不是发生了什么危险。"

B君说："你的兄长？村外的山林？天啊！会不会被怪物抓走了！"

A君脸色大变地说道："怪物？村外的山林里有怪物？"

从上面这两个简单的对话例子可以看出：两者的情境感染力差距相当大。第二段对话很容易就将玩家带进当时的情景，而且会让玩家产生想要了解游戏剧情的冲动。下面是《巴冷公主》中的一段情节，是巴冷公主大战魔神仔的精彩片段。通过这段剧情，便可让玩家产生惊悚刺激、高潮迭起的投入感。

听完小黑的"遗言"，巴冷心意已决，只见她凌空跃起，以大鹏展翅之势，紧绕魔神仔上空旋转。她眼中饱含着泪水，心中悲愤异常。一头乌黑的秀发竟然如刺猬般地竖立起来，巴冷准备驱动自己生命中所有的灵动力与魔神仔同归于尽。

正当魔神仔兴奋地咀嚼小黑还在跳动的心脏时，巴冷使出幽冥神火的最终一击，即使知道这招可能会同时让她丧命也在所不惜，她大喝道："乌利麻达呸"。

一道紫红色泛着金黄光环的强光疾射向魔神仔的心脏，当被幽冥神火不偏不倚地射中时，魔神仔突然停止所有的动作，静止不动，仅仅剩下一口气的小黑采取了自杀式的引爆，结束自己的生命。

"砰！砰！砰！"连续数声如雷般巨响，魔神仔与小黑同时被炸成了数不清的肉块及残骸。不过令人匪夷所思的是，魔神仔的心脏竟然还能跳动，一副作势想要逃走的模样。在半空中施法的巴冷见状，唯恐这颗心脏日后借尸还魂，急忙丢出身上所佩戴的"太阳之泪"。

二、无剧情式

无剧情式游戏侧重于游戏带给玩家的临场刺激感，如《半条命》（图2-7-1）。这种游戏的主要目的是让玩家自行推动故事的发展。在游戏中，它只告诉玩家主角所在的时空、背景，而游戏剧情如何发展要靠玩家自己去发掘。例如，在《半条命》游戏中，玩家所扮演的角色是一个拿着枪的人物，并且伙同朋友一起去攻打另外一支队伍，而在攻打另一支队伍的同时，也创造出了一个属于自己的故事。

图2-7-1 无剧情式游戏《半条命》

第八节 游戏设计的感官

游戏是一种表现艺术，也是人类感官的综合温度计。在早期双人格斗游戏中，我们可以看到两个人物很简单的对打和单纯的背景画面，在类似这种游戏刚出现的时候，玩家被这种特殊的玩法所吸引，这种两人互殴游戏带给玩家的纯粹是一份打斗刺激感。但因为这种游戏不能表现出真实的感觉，所以玩家对这种游戏的热度很快下降。

现在的格斗游戏虽然在玩法和机制上与过去没有多大不同，但在游戏画面上增加了声光十足的特效，这足以挑动玩家的热情。例如，在《铁拳》（图2-8-1）游戏中，那些站在主角与计算机周围的观众，虽然与主角是否可以取胜完全搭不上关系，但是由于他们的衬托，玩家在玩游戏的时候，仿佛置身格斗现场。简单地说，这种气氛更能帮助玩家将感觉融入游戏中。

一、视觉感受

电影是一种以视觉感受来触动人心的艺术，其目的是让观众受到电影中故事情节的影响。例如：当你看恐怖片的时候，心里就会有一种毛骨悚然的感觉；看温馨感人的文艺片时，泪水就会在眼眶中滚动；或者当你在看无厘头的喜剧片时，你可以在毫无压力的情况下放声大笑。从医学的角度看，眼睛是心灵的窗户，我们大脑接收的外界信息大都是由眼睛传达的。简单地说，影响人的喜、怒、哀、乐的最直接方法就是利用视觉感受来传达信息。

同样的道理，在游戏里直接影响我们的就是视觉感受。一般情况下，如果在游戏中看到以暗沉色系为主的题材，相信一定会产生一种莫名的压抑感，而游戏所要表达的意境也就是这种阴森、恐怖的情景；如果在游戏中看到以鲜艳色系为主的题材时，相信游戏所要表达的意境会是比较活泼、可爱的情景。

图2-8-1 《铁拳》中的格斗画面

二、听觉感受

除了眼睛之外，对人类情绪影响最大的器官就是耳朵了。耳朵是人类可以接收声波的工具，所以当我们在听到声音时，大脑会去分析解释它的意义，然后再通知身体的每一个部分，并且适时地做出反应。如果一个人将鞭炮声定义成可怕的声音，那么当这个人听到鞭炮声时，大脑一定会通知他的手去捂住耳朵，然后身体再缩成一团，并且要等到鞭炮声消失才会停止这种举动。

在游戏表现上，也可以利用声音来强化游戏的质量与玩家感受。以现在的游戏质量要求，声音已经是一个不可或缺的角色。例如，玩家在玩跳舞机时（图2-8-2），若只能看到屏幕上那些上下左右的箭头一直往上跑，却不能听到任何声音，也就是说只能看着那些箭头同时猛踩踏板，而不能跟着音乐的节奏跳舞，那么这种游戏玩起来就显得无聊了许多。

一款成功的游戏，绝对会在音乐与音效上下很多功夫。有些玩家可能会因为喜欢某一款游戏而去购买它的电玩音乐CD，那表示他不只是喜欢游戏，而且还喜欢它的音乐。一款质量好的游戏会带有许多优质的音效。例如，在游戏中阴暗的角落里，可以听见细细的滴水声；在空旷的洞穴中，也可以听到闷闷的回音，这些音效都是设计者以十分出色的技巧在游戏中塑造出的一种充满生命力的新气息。

三、触觉感受

游戏中的触觉并不是我们一般所认定的身体上的感受，而是一种综合视觉与听觉之后的感受。那么，为什么是视觉与听觉的综合感受呢？答案很简单，就是一种认知感。当我们通过眼睛、耳朵接收到游戏的信息后，大脑就开始运转，根据自己所了解到的知识与理论来评论游戏所带来的感觉，而这种感觉就是对于游戏的认知感。

从玩家对于游戏的认知感来看，一款游戏如果不能表现出华丽的画面、丰富的剧情，玩家就会对游戏产生厌恶感。如一款赛车游戏，如果游戏不能表现出赛车的速度感和物理上的真实感（撞车、翻车），纵然游戏画面再怎么华丽、音效再怎么好听，玩家还是不能从游戏中感受到赛车游戏所带来的快感与刺激，那么这一款游戏很快便会"无疾而终"。所以触觉的感觉可以解释成是视觉与听觉的综合感受。

图2-8-2 娱乐与健身融于一体的跳舞机

55

第九节 游戏的分类与特点

一、动作游戏

21世纪以前，单机游戏占绝对统治地位，动作游戏（Action Game，简称ACT）占据了游戏产品的半壁江山。随便翻出一份某年度热门机种的游戏列表，不管是FC、MD还是PS，上面的游戏都是以动作类游戏为主。这一方面是因为动作类游戏开发较为简单，对公司的技术实力要求没有那么高，另一方面也表明动作类游戏受到广大玩家的欢迎与追捧。

格斗游戏（Fighting Game，简称FTG）无论是在游戏开发上还是游戏本身内容的特点上和其他ACT几乎一致。因此把它归在动作类游戏之列，不单独进行分类。《街头霸王》（图2-9-1）系列一直是该领域的扛鼎之作，如今这个系列也大势所趋地实现了3D化。

还有一些游戏也明显带有动作游戏的特点，或者与之相结合产生了一些新的游戏类型：动作冒险游戏（Action Adventure Game），代表作《波斯王子：时之刃》（图2-9-2）；动作角色扮演类游戏（Action RPG），代表作《鬼武者》（图2-9-3），等等。

图2-9-1 《街头霸王》

图2-9-2 《波斯王子：时之刃》

图2-9-3 《鬼武者》

动作类游戏的设计要素主要包含以下方面。

1. 关卡

一般来讲，我们习惯把动作类游戏划分为多个连续的关卡，玩家必须在每一个关卡里完成指定的任务，当任务完成之后，关卡结束。玩家从转跳点转换场景，进入另一个关卡，依次类推，直至关卡全部完成。每个关卡相对于上一级关卡在难度上会有所提升。一般来讲，第一个关卡通常作为游戏的上手关卡，主要是让玩家熟悉游戏操作，最后一个关卡是最终决战，一旦玩家完成该关卡，游戏随之结束。

通常，在设计关卡时，我们又往往为每一个关卡设计一个主题，该主题作为游戏关卡设计的主要目的，也就是该关卡的主要目标。另外，为了增加游戏的趣味性，围绕主要目标我们又会设计多个分目标。比如，我们设计该关卡的主要目标为杀死"蓬蒙"这个Boss，但是"蓬蒙"有金钟护体，普通刀剑根本无法对其造成伤害，唯一能对Boss造成伤害的"鬼刃"在黄帝与蚩尤之战时已经断为两截，被埋在扶桑树下。玩家必须从某一个山洞中找到一颗红宝石，将断裂的宝剑修复，然后才能打败Boss。在这个关卡当中，玩家的主要目标是消灭最终的Boss，分目标是取得宝剑和宝石，并将断裂的宝剑修复。

2. 复活点

如果玩家在游戏中死亡，将从什么位置重新开始这个游戏，这个位置就是我们平时所说的复活点。

一些游戏，会在玩家死亡坐标一定范围内找到一个点，玩家从这里复活继续游戏，如《魂斗罗》（图2-9-4），玩家落入水里死亡以后会在落水前的位置刷新人物。如果在游戏中这么设置，要注意不要出现死循环，比如说人物刷新后直接掉到水里再次死亡的情况。

另外的一些游戏角色死亡后会从关卡的起点重新开始游戏。这种方式会提高游戏的挑战性，玩家必须在游戏中小心翼翼地避免角色死亡。而角色一旦死亡，通常会引起玩家的挫折感，玩家必须"完美"通过一个关卡，才能进入下一关。如《超级玛丽》（图2-9-5）。

第三种方法介于上述两者之间，随着玩家在关卡里的前进，他会遇到许多预先设定的复活点，当角色死亡后，关卡将从玩家上次成功抵达的最近的复活点重新开始游戏。如《古墓丽影》，玩家一旦死亡，玩家可以从上次存档处读取记录进行游戏。

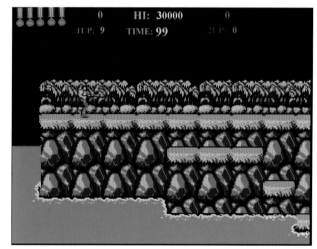

图2-9-4 《魂斗罗》

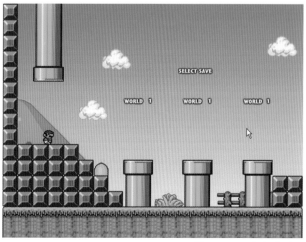

图2-9-5 《超级玛丽》

3. 生命数

在游戏中，玩家通常拥有几次死而复活的机会。比如说游戏一开始玩家拥有三条命，碰到敌人或是一些危险行为时，玩家便损失一条生命。当三条命全部损失后，玩家必须从复活点重新开始游戏。玩家通常可以拾取"宝物"或是达到特定的分数后，才能被奖励额外的生命。

4. 生命数值

玩家的角色在游戏中被赋予总数有限的生命数值，比如说100，当角色受到攻击时，便损失一定的数值，玩家在游戏中可以使用收集到的物品以及游戏道具等补充部分生命数值。

一般来讲，生命数和生命数值通常搭配使用，在这种情况下，当角色生命数值耗尽时，角色便损失一条生命，当生命全部耗尽时，游戏结束。

5. 时间限制

时间限制指的是在游戏进行中运用一个从某个数值倒数至零的计时器来显示时间，当计时器为零时，将会发生一个对游戏中的人物造成重大影响的行为，如任务失败或角色死亡等。

时间限制通常有三种方法：第一种是"关卡"计时器。玩家必须在有限的时间内通过关卡，如果无法在规定的时间内通过，关卡被迫重置，玩家需重新开始游戏。如果玩家在还有剩余时间的情况下完成关卡，那么剩余的时间将会乘上一个常数作为奖励"分数"。

第二种运用时间限制游戏元素的方法，是作为重大灾难事件的倒数计时器。玩家必须在时间用尽前完成某项任务，否则将会有重大灾难发生。比如，《反恐精英》中匪方玩家埋下雷包后，倒计时开始，玩家必须在计时器为零前逃离一定区域，否则雷包爆炸后玩家就会受到伤害。

第三种运用时间计时器的方式是限制某些物品的作用时间。当时间用完时，角色将由增强状态恢复到一般状态。这些物品可以是增加玩家的某些属性，也可以是减少玩家的某些属性，如《魔兽世界》中的Buff和Debuff。

6. 分数

有时候，在动作游戏里，分数是唯一的进展指示器，用以告知玩家游戏的进程如何。这也是玩家之间比较技艺的标准之一。许多的游戏会设置一个积分排行榜。玩家的分数会被记录在积分排行榜里供人敬仰，这样可以让优秀的玩家有夸耀的权利。

7. 特殊道具

特殊道具是动作类游戏的设计元素之一。它是进行游戏时获得的奖励，让玩家有机会提升角色的某些属性。在游戏中通常的表现形式是更强大的武器、护盾以及"增强宝物"。

"增强宝物"主要分为两种：永久型的和临时型的。永久型的增强宝物会在接下来的游戏里保留在角色身上，直至玩家死亡或游戏结束。临时型的增强宝物通常只会暂时让角色在短时间内拥有强力优势。一般的原则是：优势越强，作用的时间越短。如《雷神之锤3》（图2-9-6）中的四倍伤害物质。另外一种是在时间允许的范围之内允许一定量的使用，也就是类似于CD时间。

图2-9-6 《雷神之锤3》

图2-9-7 格斗游戏使用必杀技

在另外的一些游戏里还有一种特殊的"增强宝物"，那就是能力值。玩家可以获得一定数量的"点数"，并可用在升级上，到达一定程度时，玩家将被允许决定他想要如何升级他的角色属性和技能等。

"组合招式"是增强型宝物的特例。这种方式在格斗类型的游戏里比较常见，玩家需要按照一定节奏输入一连串指令。成功的结果是能够突破对方的特殊招式。招式的效果通常与执行的难度有一定的关系。因此，越困难的特技伴随着越高的风险。

8.收集物品

收集物品可让玩家增加分数或获得其他的奖励物品。玩家不会因为无法取得它们而受到惩罚，但是如果玩家在游戏中收集到了足够多的收集物品，就有可能获得某些特殊的报酬。

9.必杀技

在早期的动作类游戏中，玩家可以在游戏中拥有数量有限的必杀技，且使用后只有极少的机会再次获得或不能获得。它的作用是瞬间消灭周围的敌人。消灭的程度会依据游戏的不同而有所

不同。玩家通常在紧急且没有其他选择的情况下使用必杀技，但使用时又往往对玩家有一定的惩罚，如减血等。（图2-9-7）

10.瞬移

瞬移是指玩家使用后可以转移到游戏画面中其他位置的一种机制。这在早期的街机上比较常见。

11.敌人数目

在游戏关卡里面，敌人出现的方式有下面两种。

第一种是敌人的设定与出现时间表已经事先确定，只有部分敌人是随机出现的。

第二种是敌人完全以随机的方式出现，但出现的数目因游戏的难度而定。

在关卡里，敌人会以某种组合靠近玩家。这些组合通常由不同种类的敌人组成，如步枪兵＋冲锋枪兵＋指挥官、坦克＋步兵等。游戏越进行到后面，组合中将会出现越来越强的敌人。随着玩家游戏进程的推进，敌人的强度和数量会有所变化，在关卡结束时会达到一个峰值。

12.Boss

在多数游戏里面，一个关卡的结尾，总会有一个最终的怪物把守，这个怪物比以前出现的任何敌人都难以击败，我们习惯上称这个怪物为大Boss，每一个关卡中出现的能力低于该Boss的怪物称为小Boss。

在游戏中，玩家击败Boss，就可以切换到另一组关卡。对付这些Boss，通常要使用特殊的攻击方式。

我们设计时要注意，Boss的身份应该和关卡的主题相一致。比如，在一个武侠类游戏中，最后的Boss不能为一个拥有高科技武器的机械化怪物等。有时候我们也可以利用玩家已经遇到过的敌人来充当最终Boss，当然，这个怪物已经进化到了另一个更强大的版本。（图2-9-8）

13.小怪

小怪是为了增加游戏的趣味性，在正常的敌人设置中出现的随机敌人，这种设置是随机出现的。

14.锁上的门和钥匙

这一部分的门和钥匙是作为实体对象和道具出现的。玩家打开门后，可以通过一个关卡或进入另一个关卡中。（图2-9-9）

15.怪物生成器

怪物生成器是指在游戏中设置的可以不断产生敌人攻击玩家的元件。如果在游戏中设置的生成器可以无限生产怪物，那么在做游戏设计时必须要考虑到玩家可以击毁它，否则玩家就有可能被潮水般的敌人淹没。

16.地图的出口

玩家在游戏中，要通过地图的出口才能进入下一个新地图，或是当前地图内的新区域。

图2-9-8 动作类游戏，玩家将在每关最后挑战强大的Boss

图2-9-9 通过一个关卡

60

17. 迷你地图

迷你地图用来显示玩家在游戏中的所在区域以及观察角色附近的一定区域的情况时使用。动作类游戏越来越复杂，游戏区域早已跨跃了以前的单屏时代，一张地图往往有几屏、十几屏甚至几十屏，这个时候需要小心留意画面上看不到的游戏世界发生的事情，这就需要用到小地图。

二、冒险游戏

冒险游戏（Adventure Game，简称ＡＶＧ）是电子游戏中的一大类。它强调故事线索的发掘，主要考验玩家的观察能力和分析能力。它像角色扮演游戏那样善于营造故事氛围并感染玩家，但不同的是，冒险游戏中玩家操控的游戏主角本身的属性能力一般是固定不变的，不会影响游戏的进程。

ＡＶＧ多是根据各种推理小说、悬念小说及惊险小说改编而来。早期的ＡＶＧ基本就是载入图片、播放文字与音乐音效、进行剧情介绍，玩家的互动很有限。直到ＣＡＰＣＯＭ的《生化危机》（图2-9-10）系列诞生以后才重新定义了这一类型，产生了融合动作游戏要素的冒险游戏。这一系列游戏特别善于营造恐怖气氛，深受喜爱恐怖片、枪战片的玩家欢迎。

欧美国家也很重视冒险游戏的开发，例如，著名的冒险游戏《古墓丽影》系列中的第八代作品（图2-9-11）。这个系列游戏主要是描述英国女探险家在世界各国的遗迹中寻宝解密的经过。错综复杂的探险路线是此系列游戏的特色，"寻找谜底的真相"和"无限风光在险峰"是驱动玩家不断战胜困难、向深处挺进的动力。

应该说这类游戏迎合了人们内心渴求冒险刺激的需要，而且玩家通过虚拟环境模拟，也不用担心自己的安全。为了更好地让玩家亲身体会"亲身"冒险的乐趣，ＡＶＧ游戏在开发技术上越来越注重3D图形技术的应用，对玩家硬件配置要求较高。

图2-9-10 《生化危机》

图2-9-11 著名的冒险游戏《古墓丽影》系列中的第八代作品

冒险类游戏早期多在ＰＣ上发展，也算是计算机游戏最早的类型之一。随着计算机性能的提高，冒险类游戏也有了全新的变化，大多发展成类似动作角色扮演类游戏，只不过有一些特殊条件不太相同而已。

冒险类游戏具有ＲＰＧ类游戏的人物特色，却没有角色扮演类游戏的人物升级系统。也就是说，冒险类游戏会特别强调人物故事剧情的发展，但人物本身的等级强弱却不会有什么变化，《警察故事》与《神秘岛》、《古墓丽影》等都是冒险类游戏的代表作。

冒险类游戏的设计要素主要包括以下两方面。

1. 发展过程

冒险类游戏虽没有角色扮演类游戏的角色升级系统，但含有很多的解谜与冒险成分，通常其主要的属性是固定的。游戏本身最主要的目的是要让玩家在游戏中通过不断思考，获得解决各种问题的答案。这方面最经典的游戏应该属于CAPCOM公司发行的《生化危机》与EIDOS公司发行的《古墓丽影》（图2-9-12）系列游戏。虽然这些故事内容不尽相同，但都有一个共同点，那就是以解谜为游戏的主要线索。

图2-9-12 《古墓丽影》系列游戏

冒险类游戏通常以紧张悬疑的故事情节为游戏主线，主角会来到一个充满机关的城镇或建筑物里。在这些地方有着不可告人的秘密或富可敌国的宝藏，玩家们必须思考判断以破解各种机关，并设法通过各种关卡。紧凑悬疑的剧情让玩家乐在其中。例如，知名的《恶灵古堡》系列对游戏气氛的掌握相当成功，3D人物、怪物造型十分惊人，故事情节安排跌宕起伏，以及隐藏的各种秘技等，游戏模式令人耳目一新。

2.设计风格

冒险类游戏的架构实际上与ＡＲＰＧ游戏非常相似，只是冒险类游戏还必须加上合理机关与剧情发展，让玩家感觉好像在看一场电影、一本小说，如果设计者希望把游戏设计得更错综复杂一些，还可以在游戏中加入分支剧情，这样更能增加游戏的丰富性。在制作冒险游戏时，需把握以下三个特点。

首先，强调人物的刻画。冒险类游戏强调的是角色在故事里的存在价值，角色背景需要非常鲜明，让玩家们了解得清清楚楚，所有在故事剧情里出现的人物都必须要有存在的合理性与意义。

其次，合理的故事情节。冒险类游戏非常重视故事情节的发展，它是吸引玩家继续玩下去最有利的工具，合理又悬念丛生的剧情让玩家们很容易投入到游戏之中，玩家会因为对故事的结局产生好奇而一直不断地玩下去。

第三，丰富的机关结构。冒险类游戏最主要的特色就是充满了各式各样的机关，这些机关必须具备丰富性与合理性，而且又不会太难破解，因为游戏中的机关通常是游戏进行的主干道，所有的故事剧情都可能在机关的前后发生。

事实上，当初以美式风格为主的冒险类游戏在刚进入国内游戏市场的时候，许多玩家很难接受它的游戏机制，但是从近几年的冒险类游戏看，其内容的丰富性与美式电影风格的制作手法等，已经让冒险类游戏成功地打动了玩家的心。

三、模拟游戏

模拟游戏（Simulation Game，简称SIM），主要以计算机模拟真实世界当中的环境与事件，为玩家提供一个近似于现实生活当中可能发生的情景游戏。模拟游戏的题材非常丰富，下面列出一些标题，读者可以顾名思义：《模拟城市》（图2-9-13）、《模拟人生：大学生活》《我是航空管制员：成田机场篇》《主题公园》《主题医院》（图2-9-14）、《仙剑客栈》《冠军足球经理》等。

游戏世界是真实世界的反映。对于现实条件不允许，而又想当明星、企业家、政客的玩家便可以借此游戏类型梦想成真。其中还有一类题材特别受女性玩家欢迎，那就是恋爱养成类游戏，其代表作有《明星志愿》（图2-9-15）、《心跳回忆》（图2-9-16）等。

图2-9-13 《模拟城市》

图2-9-14 《主题医院》

图2-9-15 《明星志愿》

图2-9-16 《心跳回忆》

模拟类游戏最大的特色就是模仿力求完美，游戏操作指令也较为复杂，侧重于器具的物理原则及给玩家的真实感受，让玩家在游戏中获得置身其中的真实感受。正因为模拟类游戏强调模拟现实状况，所以在设计上较重视物体的数学及物理反应。简单地说，一颗铅球从半空中落下，绝不会像羽毛那样随着风飘动，任何物体的移动都必须符合物理学上的加速、减速等原理，如果违反物理规律，就会让玩家感到不真实。所以在制作模拟类游戏时，就要包含许多科学的原理，如风阻、摩擦力等，这样的模拟游戏才会更加吸引人。

四、角色扮演类游戏

如果说动作类游戏都是对现实的某项人类活动的再现与模拟的话，那么角色扮演类游戏（Role-Playing Game，简称RPG）则是对人生经历的再现与模拟。

1. 发展过程

角色扮演类游戏是由桌上型角色扮演游戏（Tabletop Role-Playing Game，简称TRPG）

演变而来的，它属于纸上棋盘战略类游戏，必须由一个游戏主持人（Game Master，GM或称地牢主人）和多个玩家共同参与。

游戏主持人负责在游戏流程中讲述游戏故事内容，可以说他是游戏故事的讲述人，同时也是游戏规则的解释人。游戏进行时，玩家可以用掷骰子的方式来决定前进的步数，再由主持人讲述此游戏的内容。在游戏中，主持人就是游戏的灵魂，所有玩家分别是故事中的一个特定的角色，而这个故事的精彩与否取决于主持人的能力。利用掷骰子的方式体验不可预演的结果和不可预测的玩家行动，就是角色扮演类游戏的最原始雏形。

桌上型角色扮演类游戏在欧美国家已经风行多年，其中最深得人心的一款作品为《D&D》系列游戏。所谓的《D&D》就是我们通常所说的《龙与地下城》（Dungeons and Dragons）（图2-9-17），它是以中古时期的剑与魔法奇幻世界为主要背景的TRPG游戏系统。而《魔兽世界》是当前较为流行的一款TRRG。

图2-9-17 《龙与地下城》

66

可以说《D&D》游戏系统是RPG的先驱，目前的绝大部分同类型游戏都遵循《D&D》系统所制订的规则，包括战斗系统、人系系统、怪物数据等。与游戏内容相关的设置工作也大同小异。随着硬件设备的日新月异，RPG除了保留原来的故事性外，也慢慢地开始强调游戏画面的声光效果带给玩家的新奇感受。例如，目前最为流行的网络游戏《天堂2》《无尽的任务》（图2-9-18）和《魔兽争霸3》等，都是完全参考《D&D》各个时期所制作的规则系统。

2. 设计风格

RPG的最大特点是：它集很多游戏玩法于一体，游戏故事内容基本固定，玩家必须遵循固定线路操作，直到最终结局。单纯以一个场景来说，当玩家操作的人物在路上行走时可能会与敌人不期而遇，也可能会捡到装备宝物或触及一些特定事件，这些都必须要经过策划人员深思熟虑的设计。一般来说，国内的PRG多以剧情为重。不管RPG有多复杂，它们都离不开几项基本设计原则。

首先是人物描写。RPG的首要原则就是强调人物的特性描写与人物故事背景的表现，以此达到角色扮演的目的。简单地说，RPG的最终目标是让玩家感觉到自己在扮演游戏中的人物。

图2-9-18 《无尽的任务》

其次是宝物的收集。RPG的另一个较为重要的原则就是宝物的收集。无论是装备、宝物还是《最终幻想》游戏系列中的"召唤兽"机制，都可能成为玩家继续玩下去的理由。

第三点是剧情事件。RPG的主要核心就是它所呈现的故事剧情，这种故事剧情的内容将角色扮演的成分提升至最高，强调角色在故事里存在的必然性。

第四点是华丽的画面。为了提高RPG的质量，华丽的战斗画面是设计者不能忽略的重点，因为这常会使玩家对游戏爱不释手，就如同《最终幻想》系列一般，它的3D真实战斗画面深深地吸引着玩家，而且让玩家们成为它忠实的粉丝。

第五点是职业的特色。这是RPG中较为成功的游戏机制，所有人物都有自己独特的个性，再加上本身所属的职业，让角色个性更加凸显，如魔法师、僧侣、勇士等，每一个角色又可以与其他角色的能力互补，这项原则加强了RPG的质量与张力。例如，《最终幻想9》就以画面精致、质感佳、动画生动而引人入胜，再加上战斗有趣、人物个性刻画鲜明，最终取得了巨大成功。

五、其他游戏

1. 策略类游戏

在电子游戏出现之前，策略游戏（Strategy Game，简称STG）就广泛存在于桌面游戏中了，如国际象棋和围棋。策略游戏主要要求游戏的参与者拥有做出战略决策或者战术指挥的能力。在战略游戏中，决策对游戏的结果产生至关重要的影响。而运用战术指挥游戏，玩家不仅仅要下达指令，还需要快捷及时。

依照安排策略进行顺序的方式，可以分为回合制和即时制。

回合制策略游戏的技术实现较简单，出现也较早。在这种体制下，玩家之间或者玩家与计算机模拟的人工智能之间要依照游戏规则轮流做出决策，只有当一方完成决策后其他参与者才能进行决策。KOEI的《三国志》《信长之野望》就是典型的使用回合制的策略游戏。有趣的是，大部分非PC平台的策略游戏都使用回合制，如在任天堂SFC上运行的《火焰纹章：圣战之系谱》。这款策略游戏还拥有丰富的剧情，有特色的角色成长系统，有些电玩书籍把这类游戏归为策略RPG，即SRPG。

即时制策略游戏的技术实现较复杂，20世纪90年代才走向成熟，其所有的决策都是即时进行的，即游戏是连续的，玩家可以在游戏进行中的任何时间做出并完成决策。《魔兽争霸3》以及《英雄连》就是这类游戏的代表作，显然RTS模式给玩家的体验更加刺激。大多数PC平台的策略游戏都采用即时制，而且即时策略游戏几乎只出现在PC平台，这一切应该归功于PC独有的游戏外设——鼠标。

策略类游戏除了需要玩家熟能生巧外，头脑是否灵活往往也是游戏成败的关键。早期的军旗游戏只能让两个人对垒，但目前策略类游戏的主要乐趣取决于多人联机的厮杀过程。在游戏中可以互相结盟，也可以反目成仇，可以团结多个人的力量去消灭另一个种族，还可以"翻脸不认人"，在同盟时期又去杀同盟国，在游戏里可以利用以物克物的方式来攻打对方，对方也可以用同样的方式来攻打我们，游戏的最大特色就在于如何充分调动玩家来配置兵种、管理内政。

其实，策略类游戏除了战略模式外，还包括"经营"与"培养"等游戏方式，这方面较为经典的是《美少女梦工厂》（图2-9-19）系列游戏。

2．射击类游戏

历史悠久的射击类游戏（Shooting Game，简称STG）早期大多是卷轴式的。典型的STG的系统是在卷动的背景图片上，玩家的活动块（如飞机的子弹）与敌方的活动块，做碰撞计算。玩家在游戏中的目的就是获得最高分数的记录，或者是在敌方的枪林弹雨中成功存活。代表作品有IREM的《雷电》系列，彩京的《打击者1945》系列。2D版STG对于开发者而言仅仅就是换了一种美术表现形式的ACT游戏。

这种状况一直持续到1992年《重返德军总部》的出现。这款出自美国ID Software公司的伟大作品意义深远，它标志着"第一人称射击游戏"（First Person Shooting，简称FPS）诞生，传统的2D卷轴式STG几乎被玩家遗忘，从此3D游戏开始兴起。FPS游戏对3D游戏，特别是3D游戏引擎发展做出了重大贡献。实际上，FPS游戏常常伴随着同名的游戏引擎一同推出，引领3D图形技术发展的潮流。2000年左右红遍网吧的FPS游戏《反恐精英》（图2-9-20），特别善于营造玩家的临场感，它和动作游戏一样强调爽快的操作（故事情节显得不十分重要），对机器的硬件要求非常高。

3．体育类游戏

体育游戏（Sport Game，简称SPG）是一种让玩家可以模拟参与专业的体育运动项目的电子游戏。其本质就是把实体场所进行的体育赛事搬到电子游戏平台上。大部分SPT类游戏让玩家以运动员的形式参与，如足球、篮球、网球、高尔夫球、拳击等。这些游戏大都受到玩家欢迎。

由于飞行驾驶游戏（Fly Game）和赛车竞速游戏（Race Game）特别受欢迎，游戏品种很多，所以有些电玩书籍会专门列出这两个分类。它们以体验驾驶乐趣为游戏诉求，给玩家提供在现实生活中不易获得的交通工具，让玩家获得"运动的体验"和"速度感"。在3D游戏成为主流的时代，FLY和RAC游戏充分展示了其魅力。其代表作品有EA的《极品飞车》系列和微软的《模拟飞行》。值得一提的是，目前还出现了一些以FLY和RAC游戏为基础的变形题材，如空战题材的《鹰击长空》（图2-9-21）、警匪题材的《侠盗车手》（图2-9-22）。

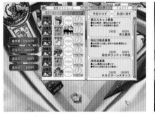

图2-9-19 《美少女梦工厂》系列游戏

图2-9-20 《反恐精英》

图2-9-21 《鹰击长空》

图2-9-22 《侠盗车手》

4．益智类游戏

益智类游戏（Puzzle Game，简称PUG）原是指用来培养儿童智力的拼图游戏，后引申为各类有趣的益智游戏，总的来说适合休闲。最著名的益智类游戏当属大家十分熟悉的《俄罗斯方块》和《泡泡龙》（图2-9-23）。

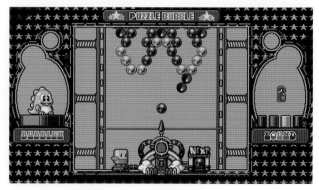

图2-9-23 《泡泡龙》

一般来说，益智类游戏对计算机硬件要求很低，其特点主要有：规则简单容易上手，玩一局所需时间较短，且可以随时中断，因此PUG深受工作繁忙的办公室白领一族的喜爱，其中广受欢迎的有《祖玛》（图2-9-24）及《花园防御》等益智类游戏。游戏公司也很乐于开发这类投入资金少、技术含量低、销量广的小品游戏。

"规则"与"玩法"是益智类游戏的重心所在，制作游戏之前必须先了解游戏的全盘规则，以及它可能包含的全部玩法，以免因设计人员与游戏玩家想法不同而发生不可预料的状况。事实上，由于益智类游戏本身可能产生的变化并不多，因此为了吸引玩家、增加游戏的耐玩性，独创的游戏机制绝对是不可缺少的重要因素。

5.音乐类游戏

音乐游戏（Music Game，简称MUG）主要是以培养玩家的音乐敏感性、增强音乐感知为目的的游戏。伴随美妙的音乐，有的要求玩家翩翩起舞，有的要求玩家做手指体操，如大家都熟悉的跳舞机。目前的人气网游《劲舞团》（图2-9-25）及《劲乐团》等也属其列。其中要注意的两点如下。

第一，音乐是MUG的骨架和灵魂所在。其他的所有元素都是围绕着这个元素在转。曲目的选择是非常讲究的，相当于其他游戏的市场定位水准，曲目的风格决定了用户的核心定位，歌曲如果是华语流行，朗朗上口的曲目，受众面就会比较广，如果是电子乐居多，那么青年玩家就将会是你的主要用户。

图2-9-24 《祖玛》

图2-9-25 《劲舞团》

第二，决定使用何种方法去"演奏"所选择的曲目。同样的曲子有不同的玩法，可以做出不同风格的谱面。就像不同的曲子不仅可以使用吉他弹奏，也可以使用钢琴弹奏，还可以用小提琴演奏等。玩家可以根据个人喜好来进行选择，避免单调。

思考与练习

1. 冒险类游戏在设计时应该注意哪些要素？
2. 模拟类游戏的特色是什么？
3. 何谓角色扮演类游戏？
4. 角色扮演类游戏的特色是什么？

第三章
游戏开发工具简介

早期的游戏开发是一件既麻烦又辛苦的事情，例如，在使用DOS操作系统的年代，要开发一套游戏还必须要自行设计程序代码来控制计算机内部的所有运作，如图像、音效、键盘等。不过，随着计算机科技的不断进步，新一代的游戏开发工具已在很大程度上改变了这种困境。

第一节 OpenGL

在一款广受玩家喜爱的游戏中，当前的3D场景与画面是绝对不可或缺的要素。当然，这必须充分依赖3D绘图技术的完美表现，它包含了模型、画面绘制、场景管理等工作。

Direct3D对于PC游戏玩家是相当熟悉的字眼。由于PC上的游戏大多使用Direct3D开发，因此要运行PC游戏，就必须拥有一张支持Direct3D的3D加速卡。所以3D加速卡的使用说明中大多注明了"支持OpenGL加速"。

Direct3D图形函数库是利用COM接口形式提供成像处理，所以其架构较为复杂。而且稳定性也不如OpenGL。另外，Microsoft公司又拥有该函数库的版权。所以到目前为止，DirectX只能在Windows平台上才可以使用Direct3D。

一、OpenGL 简介

OpenGL是SGI公司于1992年推出的一个开发2D、3D图形应用程序的API，是一套"计算机三维图形"处理函数库，由于是各显卡厂商所共同定义的函数库，所以也称得上是绘图成像的工业标准，目前各软硬件厂商都依据这种标准来开发自己系统上的显示功能。读者可以从http://www.opengl.org下载OpenGL的最新定义文件。

计算机三维图形指的是利用数据描述的三维空间经过计算机的计算，再转换成二维图像并显示或打印出来的一种技术，而OpenGL就是支持这种转换计算的链接库。

事实上，在计算机绘图的世界里，OpenGL就是一个以硬件为架构的软件接口，程序开发者可通过应用程序开发接口，再配合各图形处理函数库，在不受硬件规格影响的情况下开发出高效率的2D及3D图形。有点类似C语言的"运行时库"（Runtime Library），提供了许多定义好的功能函数，因此，程序设计者在开发过程中可以利用Windows API来存取文件，再以OpenGL API来完成实时的3D绘图。

二、OpenGL 的运作原理

编写OpenGL程序，必须先建立一个供OpenGL绘图用的窗口，通常是利用GLUT生成一个窗口，并取得该窗口的设备上下文（Device Content）代码，再通过OpenGL函数来进行初始化。其实，OpenGL的主要作用在于，当用户想表现高级需求的时候，可以利用低级的OpenGL来控制。

以下显示的是OpenGL如何处理绘图中用到的数据。图3-1-1是数据处理过程，可以看出，当OpenGL在处理绘图数据时，它会将数据先填满整个缓冲区，这个缓冲区内的数据包含命令、坐标点、材质信息等，在等命令控制或缓冲区被清空（Flush）的时候，将数据传送至下一个阶段去处理。在下一个处理阶段，OpenGL会做坐标数据"转换与灯光"（Transform & Lighting，简称T&L）的运算，目的是计算物体实际成像的几何坐标点与光影的位置。

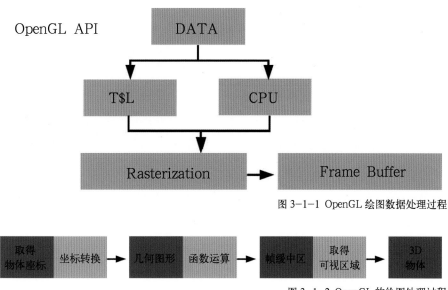

图 3-1-1 OpenGL 绘图数据处理过程

图 3-1-2 OpenGL 的绘图处理过程

在上述处理过程结束之后，数据会被送往下一个阶段。此阶段的主要工作是将计算出来的坐标数据、颜色与材质数据经过光栅化（Rasterization）技术处理来建立影像，然后将影像送至绘图显示设备的帧缓冲区（Frame Buffer），最后再由绘图显示设备将影像呈现于屏幕上。

例如，桌上有一个透明的玻璃杯，当研发者使用 OpenGL 处理时，首先必须取得玻璃杯的坐标值（包括它的宽度、高度和直径），接着利用点、线段或多边形来生成这个玻璃杯的外观。因为玻璃杯是透明的材质，可能要加入光源，这时将相关的参数值运用 OpenGL 函数进行运算，然后交给内存中的帧缓冲区，最后由屏幕来显示（图3-1-2）。

简单来说，OpenGL 在处理绘图影像要求的时候，可以将它归纳成两种方式，一种是软件需求，另一种是硬件需求。

1. 软件要求

通常，显卡厂商会提供 GDI(Graphics Device Interface,绘图设备接口）的硬件驱动程序来提出画面输出需求，而 OpenGL 的主要工作就是接收这种绘图需求，并且将这种需求建构成一种影像交给 GDI 处理，再由 GDI 送至绘图显卡上，最后绘图显卡才能将成果显示于屏幕上。也就是说，OpenGL 的软件需求必须通过 CPU 的计算，然后送至 GDI 处理影像，再由 GDI 将影像送至显示设备，这样才能算是一次完整的绘图显像处理操作。从上述成像过程不难看出，这种处理显像的方法在速度上可能会降低许多。若想提升显像速度，必须让绘图显卡直接处理显像工作。

2. 硬件要求

OpenGL 的硬件需求处理方式，是将显像数据直接送往绘图显卡，让绘图显卡去做绘图需求建构与显像工作，不必再经过 GDI，如此一来便能省下不少数据运算时间，并且显像的速度也可以大大提升。尤其是在现今绘图显卡技术的提高与价格的下降成正比的时候，几乎每一张绘图显卡上都有转换与灯光的加速功能，再加上绘图显卡上内存的不断扩充，绘图显像过程似乎都不需要经过 CPU 和主存储器的运算了。

第二节 DirectX

早期的计算机硬件与软件都不发达，要开发一款游戏或多媒体程序是一件十分辛苦的工作，特别是要求开发人员必须针对系统硬件（如显卡、声卡或输入设备等）的驱动与运算，自行开发一套系统工具模块来控制计算机内部的操作。

例如，在运行 DOS 下的游戏时，必须先设置声卡的品牌，再设置声卡的 IRQ、I/O 和 DMA，如果其中有一项设置不正确，那么游戏就无法发出声音了。这部分设置不但让玩家伤透脑筋，而且对游戏设计人员来说也是件非常头疼的事，因为设计者在制作游戏时，需要把市面上所有声卡硬件数据都收集过来，然后再根据不同的 API 函数来编写声卡驱动程序。

IRQ(Interrupt Request) 中文解释为中断请求。因为计算机中的每个组成组件都会拥有一个独立的 IRQ，除了使用 PCI 总线的 PCI 卡之外，每一组件都会单独占用一个 IRQ，而且不能重复使用，至于 DMA(Direct Memory Access) 中文翻译成"直接内存存取"。

幸运的是，现在在 Windows 操作平台上运行的游戏不需要做这些硬件设备的设置了。因为 DirectX 提供了一个共同的应用程序接口，只要游戏本身是依照 DirectX 方式来开发的，不管使用的是哪家厂商的显卡、声卡甚至是网卡，都可以被游戏所接受，而且 DirectX 还能发挥出比在 DOS 下更佳的声光效果，但前提是显卡和声卡的驱动程序都要支持 DirectX。

一、认识 DirectX SDK

DirectX 由运行时（Runtime）函数库与软件开发工具包（Software Development Kit，简称 SDK）两部分组成，它可以让以 Windows 为操作平台的游戏或多媒体程序获得更高的运行效率，能够加强 3D 图形成像和丰富的声音效果，并且还提供给开发人员一个共同的硬件驱动标准，让开发者不必为每个厂商的硬件设备来编写不同的驱动程序，同时也降低了安装设置硬件的复杂度。

在 DirectX 的开发阶段，运行时，函数库和软件开发工具包基本上都会使用到，但是在 DirectX 应用程序运行时，只需使用运行时函数库。而应用 DirectX 技术的游戏在开发阶段中，程序开发人员除了利用 DirectX 的运行时函数库外，还可以通过 DirectX SDK 中所提供的各种控制组件来进行硬件的控制及处理运算。

现在微软也正在紧锣密鼓地开发第十版（Vista 中 DirectX 10 的 beta 版），目的是让 DirectX SDK 成为游戏开发所必备的工具。不同 DirectX SDK 版本具有不同的运行时函数库。不过，新版本的运行时函数库还是可以与旧版本的应用程序配合使用。也就是说，DirectX 的运行时函数库是可以向下兼容的。读者可通过 Microsoft 的官方网站 http://www.microsoft.com/downloads/ 来免费获取最新版本的 DirectX 软件。（图 3-2-1）

图 3-2-1 DirectX 下载页面

DirectX SDK（DirectX 开发包）由许多 API 函数库和媒体相关组件（Component）组成，表 3-2-1 列出了 DirectX SDK 的主要组件。

表 3-2-1 DirectX SDK 的主要组件

组件名称	用途说明
DirectGraphics	DirectX绘图引擎，专门用来处理3D绘图，以及利用3D命令的硬件加速特性来发展更强大的API函数
DirectSound	控制声音设备以及各种音效的处理，提供了各种音效处理的支持，如低延迟音、3D立体声、协调硬件操作等音效功能
DirectInput	用来处理游戏的一些外围设备，例如，游戏杆、Game Pad接口、方向盘、VR手套、力回馈等外围设备
DirectShow	利用所谓色过滤器技术来播放影片与多媒体
DirectPlay	让程序设计师轻松开发多人联机游戏，联机的方式包括局域网络联机、调制解调器联机，并支持各种通信协议

利用 DirectX SDK 所开发出来的应用程序，必须在安装 DirectX 客户端的计算机上才能正常运行。综上所述，DirectX 可被视为硬件与程序设计师之间的接口，程序设计师不需要花费心思去构思如何编写底层程序代码，进而与硬件打交道，只须调用 DirectX 中各类组件，便可轻松制作出高性能的游戏程序。

二、DirectPlay

众所周知，Windows 操作系统中建立了一组 GDI 绘图函数，它简单易学且适用于 Windows 的各种操作平台。但可惜的是，GDI 函数库并不支持所有种类的硬件加速卡，因此对于某些追求高效率的应用程序（特别是游戏）而言，无法提供完美的输出质量。

DirectGraphics 是 DirectX9.0 的内置组件之一，它负责处理 2D 与 3D 的图形运算，并支持多种硬件加速功能，让程序开发人员无需考虑硬件的驱动与兼容性问题，即可直接进行各种设置及控制工作，适合开发互动的 3D 应用程序或多媒体应用程序。

在早期的 DirectX 中，绘图部分主要由处理 2D 平面图像的 DirectDraw及 3D 立体成像的 Direct3D 组成。虽然 DirectDraw 确实发挥了强大的 2D绘图运算功能，但由于 Direct3D 繁杂的设置与操作让初学者望而却步，使得早期的多媒体程序很少用 Direct3D 技术开发。随着版本的更新与改进，在 DirectX 8.0 中已将 DirectDraw 及 Direct3D 加以集成，生成单独的DirectGraphics 组件来应对 3D 游戏呈日渐普及的趋势。

由于 DirectDraw 与 Windows GDI 在使用上相似且简单易学，用户可
以利用颜色键去做透空处理，直接锁住图页进行控制，使得它在 2D 环境的
平面绘图上有相当不错的成绩。但是在 DirectX 8.0 之后的 DirectGraphics
组件中，它取消了 DirectDraw 原有的绘图概念，强迫开发人员使用 3D 平
台来处理 2D 接口，3D 贴图与 2D 贴图做法完全不一样，它比 DirectDraw
更复杂。至于绘图引擎（Rendering Engine），这里指的是实际的绘图控制，
将输入进来的指令执行后，其结果就会显示在屏幕上。

表 3-2-2 DirectX SDK 的主要组件

坐标转换	参考世界（world）、相机（view）及投射（projection）三种矩阵及剪裁（viewport）参数，做顶点坐标的转换，最后得出实际屏幕绘制位置
色彩计算	依目前空间中所设置的放射光源、材质属性、环境光与雾的设置，计算各顶点最后的颜色
平面绘制	贴图、基台操作、混色加上上两项计算的结果，实际绘制图形到屏幕上

DirectGraphics 可以绘制的基本几何图形形态有下列六种。（表 3-2-3）

表 3-2-3 DirectGraphics 可以绘制的六种基本几何图形形态

基本几何图形形态	内容说明
D3DPT_POINTLIST	绘制多个相互无关的点（Points），数量=顶点数
D3DPT_LINELIST	绘制不相连的直线线段，每2个顶点绘出一条直线，数量=顶点数/2
D3DPT_LINESTRIP	绘制多个由直线所组成的相连折线，第1个与最后1个顶点当作折线的两端，中间的顶点则依序构成转折点，数量=顶点数-1
D3DPT_TRIANGLELIST	绘制相互间无关的三角形，每个三角形由连续的不在一条直线上的三个顶点组成，通常用来绘制3D模型，数量=顶点数/3
D3DPT_TRIANGLESTRIP	利用共享顶点的特性，绘制一连串三角形所构成的多边形，第一个三角形由三个顶点组成，之后每加入新的顶点，与前一个三角形的后两个顶点组成新的三角形，常用于绘制彩带、刀剑光影等特效，数量=顶点数-2
D3DPT_TRIANGLEFAN	利用共享顶点的特性，绘制一连串三角形所构成的多边形。与前者不同的是，所有的三角形皆由第一个顶点与另两个顶点组成，第一个三角形由第一个顶点与第二、三个顶点组成。之后每加入新的顶点，与第一个顶点和前一个三角形的最后一个顶点组成新的三角形，看起来就好像扇形一样，通常用来绘制平面的多边形，数量=顶点数-2

例如，在 DirectDraw 时代，只要调用 BltFast 指定贴图的位置就能将图形文件贴到画面上，但是如果使用 DirectGraphics 来进行 2D 图形的绘制，其作用就大不相同。这种变化，在 DirectGraphics 出现的早期让许多常用 DirectDraw 的软件工程师停滞不前。换个角度想，DirectDraw 除了简单外，要做出相当炫的特效，还需要自己动手写，而在 3D 硬件加速卡普及的今天，运用 3D 功能做出超炫的画面也就轻而易举了，放着好端端的功能不用，游戏的精彩度早已输在了起跑线上了。

三、DirectSound

在一些中小型游戏中，对音效变化的要求较高，但系统又不能因为声音文件过度占据了存储空间，最终可能采用 Midi 声音文件。Midi 格式文件中的声音信息不如 Wave 格式文件丰富，它主要记录了节奏、音阶、音量等信息。单独听 Midi 声音文件会觉得像是一个没有和弦的单音钢琴所弹奏的效果，甚至可以用难听来形容。早期的游戏很多就是使用 Midi 格式的声音文件，虽然效果不佳，但也比无声地进行游戏好许多。然而随着软、硬件技术的突飞猛进，使得计算机在播放 Midi 格式音效文件时可以进一步利用软件或硬件的计算功能，仿真 Midi 音效播放时中间搭配和弦效果，使得 Midi 音效也能提供十分悦耳的音乐。这类加强 Midi 音效的软件或硬件，通常称为"音效合成器"，简单地说，它的工作原理就是将 Midi 音效加以仿真，并转换为 Wave 格式再通过声卡播放出来。

近期的一些游戏在开发时会采用 DirectX 技术来处理 Wave 与 Midi 声音文件，它们也提供了软件音效合成器的功能。也就是说，如果玩家的声卡已内置硬件音效合成器，则会直接使用硬件的音效合成功能，如果声卡上不支持合成器功能，则多半使用 DirectX 的软件合成功能。

在 Windows 中提供了一组名 MCI(Media Control Interface) 的多媒体播放函数，其中包含了所有多媒体的公共命令。只要通过这些公共命令，即可进行媒体的存取控制与播放操作。不过，在绚丽画面的游戏世界里，若想达到震撼人心的境界，还需适当的音乐陪衬才行，这时就感觉到 MCI 命令集的明显不足了。

DirectSound 功能比 MCI 更为复杂、多元，它是一种用来处理声音的 API 函数，除了播放声音和处理混音外，还提供了各种音效处理的支持，如低延迟音、3D 立体声、协调硬件操作等，并且提供录音功能、多媒体软件程序、低间隔混音、硬件加速，还能存取音效设备。对于声卡的兼容性问题，可以使用 DirectSound 技术加以解决。

在传统观念里，音效播放只局限于文件本身或是播放程序，然而 DirectSound 的一个音效播放区可分为数个对象成员，我们仅介绍几个较为具体的成员，它们分别是：声卡（DirectSound）、2D 缓冲区（DirectSound Buffer）、3D 缓冲区（DirectSound 3D Buffer）与 3D 空间倾听者（DirectSound 3D Listener）。要播放音效的话，计算机上必须安装声卡，DirectSound 会将声卡当作一个设备对象，一个对象负责处理一组音效运算。声卡对象等于是一个功能丰富的声卡，即使声卡上没有硬件功能（如音效合成器），声卡对象也可以自行仿真。

玩家的计算机上通常应该安装一张声卡，所以在使用 DirectSound 时只会使用一个声卡设备对象，而在多任务操作系统中，会使用到声卡的程序并不只有游戏本身，在只有一张声卡的情况下，用户必须亲自处理声卡与其他程序的共享协调问题，不过在使用 DirectSound 时就无需担心这个问题，它会自行处理声卡的共享协调问题。

声音文件原本是放置在硬盘或光盘中，要播放时必须先把声音文件加载到内存，内存的位置可能是在声卡上，也可能是在主存储器中，至于是应该使用声卡上的内存还是主存储器的内存，DirectSound 会自行判断，如果硬件内置有内存，DirectSound 则会尽量使用它来建立缓冲区。DirectSound 除了提供基本的 2D 音效之外，还提供仿真功能的 3D 音效。3D 缓冲区即用来存放 3D 声音文件，DirectSound 将声卡对象实例化为一个实体的声卡，而 2D 缓冲区与 3D 缓冲区则实例化为这个声卡上所提供的 2D 音效芯片与 3D 音效芯片。

对于 3D 音效而言，听众的位置不同，听到的音效感觉就不同（图 3-2-2）。举例来说，音源播放的方向如果在倾听者的前方或后方时，倾听者所听到的声音方向或音量大小感觉就不相同。在过去运用 3D 音效往往必须使用多声道喇叭或支持多声道输出的声卡，然而 DirectSound 将倾听者也实例化为一个对象，通过设置 3D 倾听者对象的位置信息，玩家只要使用耳机或一般的喇叭，就可以体验到 3D 音效的效果，而程序设计本身并不需要使用复杂的计算公式或算法。（图 3-2-2）

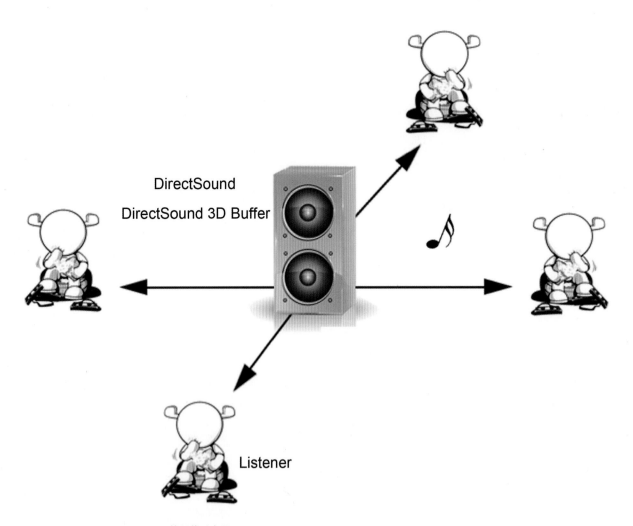

图 3-2-2 DirectSound 3D Listener 的具体示意图

第三节 C/C++ 程序语言

C 语言问世至今已有 30 多年，早期的游戏在编写时大多以 C 语言搭配汇编语言来实现。C 语言是一个面向过程的程序设计语言，侧重程序设计的逻辑、结构化的语法。C++ 则以 C 语言为基础，它改进了一些输入输出方法，并加入了面向对象的概念，如果要开发中大型游戏的话，建议多使用 C/C++ 来编写程序。

C/C++ 是所有程序设计人员公认的功能强大的程序设计语言，也是运行速度较快的一种语言。虽然 C/C++ 很强大，但使用上较为复杂（对于初学者而言可能是相当复杂），若在设计程序时有不谨慎之处便可能导致游戏运行错误，甚至发生程序终止或死机的情况。使用 C/C++ 所开发的程序，在测试及调试方面所花费的成本有时并不比开发程序少。

一、执行平台

C/C++ 属于高级程序设计语言，它们的语法更贴近人们的使用习惯，所以程序设计人员能以人类思考的方式来编写程序。其语法包括 if、else、for、while 等语句，以下是一小段 C 语言程序，读者可以初步了解它的编写方式。

```
#include<viod.h>
int   main (void)
{
int   int_num;
printf（"请输入一个数字："）;
scanf（"%d", &int_num）;
if（ int_num%2)
puts（"您输入了一个奇数。"）;
else
puts（"您输入了一个偶数。"）;
```

```
return   0;
}
```

即使没有学过 C 语言，从这段程序表面的语意来看，读者也大致可以知道该程序的作用。然而计算机并不懂得 C/C++ 语言所编写的程序，所以这个程序必须经过"编译器"（Compiler）的编译，再将这些语句翻译为计算机能够看懂的机器语言。

编译器经过几个编译流程后可将源程序转换为机器可读的可执行文件，编译后，会产生"目标代码"（.obj）和"可执行程序"（.exe）两个文件。源程序每修改一次，可执行文件就必须重新编译。

机器语言是由 0 与 1 交互组成的一种语言，在不同操作系统上，对机器语言的定义也不相同。加上 C/C++ 本身所提供的标准函数库有限，往往必须调用系统提供的一些功能，因此使用 C/C++ 撰写的程序，无法将其直接移植到其他系统上，必须重新编译，并修改一些无法运行的代码。也就是说，使用 C/C++ 编写的一些程序，通常只能在单一平台上运行。不过由 C/C++ 所编写的程序有利于调用系统所提供的功能，这是由于早期的一些操作系统本身就多以 C/C++ 来编写，因此在调用系统功能或组件时最为方便，例如，调用 Windows API(Application Programming Interface)、DirectX 等。

二、语言特征

C/C++ 的功能强大，其"指针"（Pointer）功能可以让程序设计人员直接处理内存中的数据，也可以利用指针来达到动态规划的目的，如内存的配置管理、动态函数的执行。在需要规划数据结构时，C 语言的表现最为出色，在早期内存的容量不大时，每一个位的使用都必须珍惜，而 C 语言的指针就可提供这方面的功能。（图 3-3-1）

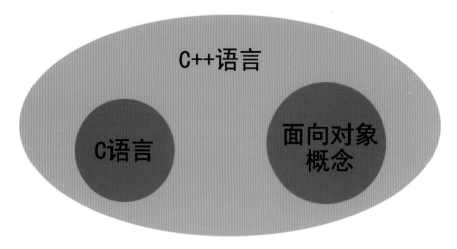

图 3-3-1 C++ 语言是在 C 语言的基础上加入了面向对象的概念

C++以C语言为基础，改进了一些输入与输出上容易发生错误的地方，保留指针功能与既有的语法，并导入了面向对象的概念。面向对象在后来的程序设计领域甚至其他领域都变得相当重要，它将现实生活中实体的人、事、物，在程序中以具体的对象来表达，这使得程序能够处理更复杂的行为模式。另一方面，面向对象的程序设计在适当的规划下，能够在编写完成的程序基础上，开发出功能更复杂的组件，这使得C++在大型程序的开发上极为有利，目前市场上所看到的大型游戏许多是以C++程序语言来进行开发的。

此外，由于C/C++设计出来的程序已编译为计算机可理解的机器语言，所以在运行时可直接加载内存，而无需经过中间的转换动作，这就是为什么利用C/C++编写出来的程序，在速度上会有较优良的表现。为了追求更高的运行速度，尤其是在处理一些底层的图像绘图时，往往还可搭配汇编语言来编写一些基础程序。

三、开发环境介绍

C/C++语言的集成开发环境相当多，商业软件方面有微软的 Visual C++、Borland 的 C++ Builder，非商业软件方面有 Dev C++ 程序（图 3-3-2）、KDevelop 等，以上这些都可以用来编写 C 或 C++。通常商业软件提供的功能更多，使用更方便，在程序写完后的测试与调试方面也更为完善。

早期开发中大型游戏时多使用 Visual C++（以下简称 VC++），在早期使用 VC++ 所提供的组件算是很方便的，至少不用从头编写这些组件代码。当然在使用这些组件时还是有很多要处理的细节。其他的集成开发环境，例如，C++ Builder，虽然在运行速度上快了许多，但使用较复杂，常用作一些游戏设计时的辅助，如设计地图编辑器等。由于本身都是使用 C++ 语言来撰写，因此在组件的沟通功能上并不会发生问题。

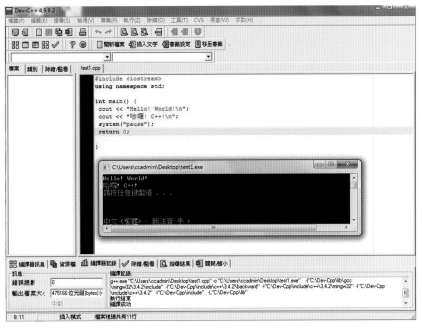

图 3-3-2 Dev C++ 开发环境

第四节 Visual C++ 与游戏设计

一款电玩游戏由于其程序代码中有大量的声音、图像数据的运算处理，因此要求程序运行流畅是相当重要的一个基本诉求。为了满足这项要求，一般大型商业游戏软件大多采用 VC++ 工具搭配 Windows API 程序架构来编写，以提升游戏运行时的性能。

VC++ 是微软公司所开发的一套适用于 C/C++ 语法的程序开发工具。在 VC++ 的开发环境中，编写 Windows 操作系统平台的窗口程序有两种不同的程序架构：一种是微软在 VC++ 中所加入的 MFC（Microsoft Foundation Class Library）架构，另一种则是 Windows API 架构。使用 Windows API 来开发上述的应用程序并不容易，但用在设计游戏程序上相当简单，且具有较优异的运行性能。

MFC 是一个庞大的类库，其中提供了完整开发窗口程序所需的对象类别与函数，常用于设计一般的应用程序。Windows API 是 Windows 操作系统所提供的动态链接函数库（通常以 .DLL 的文件格式存在于 Windows 系统中），它包含了 Windows 内核及所有应用程序所需要的功能。

如果读者使用 Visual Basic（以下简称 VB）写过窗口程序的话，就应该清楚在 VB 程序中若要调用 Windows API 的函数必须先进行声明。若是在 VC++ 的开发环境下，无论是采用 MFC 架构或者是 Windows API，只要在项目中设置好所要链接的函数库并引用正确的头文件即可，此时在程序中使用 Windows API 的函数就跟使用 C/C++ 标准函数库一样容易。

Java 程序设计语言以 C++ 的语法关键词为基础，由 Sun 公司所提出。其计划一度面临停止的危险，后来却因为因特网的兴起，使 Java 顿时成为当红的程序设计语言，这说明 Java 程序在因特网平台上拥有极高的优势，它具有跨平台的优点，所以 Java 非常适合用于进行游戏制作，而事实上也早有一些书籍专门介绍 Java 如何用在游戏设计上。（图 3-4-1）

一、执行平台

Java 程序具有跨平台能力。所谓的跨平台，指的是 Java 程序可以在不重新编译的情况下，直接在不同的操作系统上运行。它可以跨平台运行的原因在于"字节码"（Byte Code）与"Java 运行时环境"（Java Runtime Environment）的配合。

Java 程序编写完成后，第一次使用编译器编译程序，它会产生一个与平台无关的字节码文件（扩展名 *.class，字节码是一种贴近于机器语言的编码），这个文件若要在加载内存中运行，则计算机上必须具备 Java 运行环境，Java 的运行环境与平台有关，它会根据该平台对字节码进行第二次编译，将其处理成该平台上可理解的机器语言，并加载到内存中加以运行。（图 3-4-2）

Java 运行环境是建构于操作系统上的一个虚拟机，程序设计人员只要针对这个运行环境进行程序设计，至于运行环境如何与操作系统沟通则是程序设计人员无需理会的。程序设计人员只要利用 Java 提供的类库与 API，避免使用第三方厂商提供的其他组件和操作系统程序，设计出来的程序基本上就可以达到跨平台的目的。（图 3-4-3）

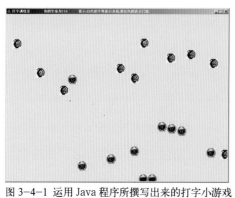

图 3-4-1 运用 Java 程序所撰写出来的打字小游戏

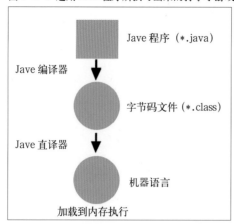

图 3-4-2 Java 程序的执行流程

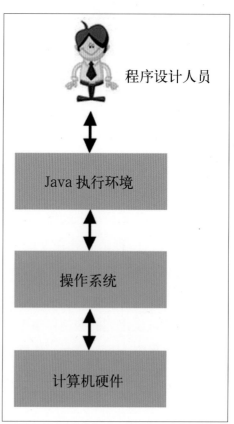

图 3-4-3 程序设计人员针对 Java 运行环境进行设计

84

Java 程序若应用在游戏上可以有两种展现方式，一种是运用窗口应用程序，另一种是将 Applet 置入网页中。这两种展现方式的实质是相同的，因为 Applet 程序基本上也属于窗口应用程序，我们前面看到的 Java 程序执行图片，使用的就是 Applet 方式。当然，我们也可以利用纯窗口的形式来展现。（图3-4-4）

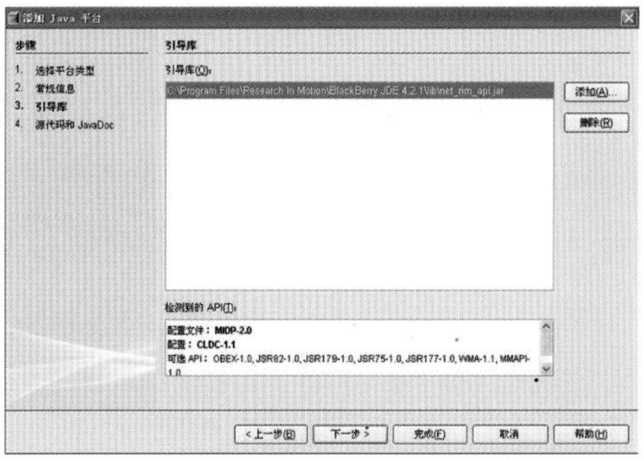

由于 Java 程序可以利用 Applet 的形式置入网页之中，用户浏览到使用 Java Applet 程序的网页时，会将 Applet 文件下载，然后由浏览器启动 Java 虚拟机运行 Java 程序，所以我们可以称 Java 程序是以网络来作为它的运行平台。

图 3-4-4 一个 Java 窗口程序

二、语言特征

Java 程序以 C++ 语言的关联词和语法为基础，目的在于使 C/C++ 的程序设计人员快速入手 Java 程序语言，而 Java 也过滤了 C++ 中一些容易犯错或忽略的功能，如指针的运用，它采用"垃圾收集"（Garbage Collector）机制来管理无用的对象资源，这使得从 C/C++ 入手 Java 程序变得极为容易，且编写出来的程序更为安全，不易发生错误。以下是一段 Java 程序代码。

```
public static void main (String args [ ] )
{
    ex1103 frm = new ex1103 ( ) ;
}
private void check ( )
{
    for (int i = 0；i < p.length；i++)
    {
        if (p [i] .px < 0 ‖ p [i] .px > 400)
            p [i] .dx = −p [i] .dx;
        if (p [i] .py < 10 ‖ p [i] .py > 300)
            p [i] .dy = −p [i] .dy;
    }
}
```

用户如果没有仔细观察一些细小地方，表面上确实与 C／C++ 语法一模一样，其实，Java 与 C／C++ 在语法上最大的不同点在于 Java 程序完全以面向对象为中心，编写 Java 程序的第一步就是定义类（class），若不是考虑运行速度，Java 程序非常适合大中型程序的开发。

三、Java 与游戏设计

速度永远是运行游戏时的重要考虑因素，这也是对 Java 程序最不利的地方。Java 程序设计人员对 Java 程序运行速度的普遍评价跟 VB 一样，那就是"慢"。Java 程序在运行前必须经过二次编译方可使用，且只有在 Java 程序需要使用到某些类库功能时才加载相关的类别。虽然这样做节省了资源，但动态加载却增加了运行速度的负担。

在历经数个版本的改进与多次功能增强之后，Java 程序在绘图、网络、多媒体等各方面都提供了大量的 API 链接库，甚至包括 3D 领域。所以使用 Java 程序来设计游戏可以获得更多的资源，并且 Java 程序可以使用 Applet 来展现出不同的特性，使其有更大的发挥空间。

利用 Java 设计游戏的集成开发环境相当多，如商业软件 Visual J++ Builder，非商业软件 Forte、NetBeans 等。目前 Java 应用于大中型游戏的例子还不多，所以集成开发环境对游戏设计的影响不大。（图 3-4-5）

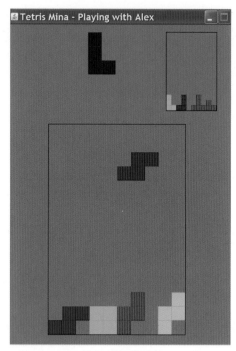

图 3-4-5 Java 游戏《俄罗斯方块》

思考与练习

1. 简述 OpenGL 的运作原理。
2. DirectSound 的组件作用是什么？
3. 简要说明 C/C++ 语言的开发环境。
4. 简述 Java 的游戏设计特点。

第四章
游戏设计与制作

第一节 游戏设计的制作过程

一款游戏从立项到制作需要经过哪些步骤呢？这是很多游戏设计制作者感兴趣的。但是要学习游戏设计，独立制作一款大型游戏，那是不太现实的，最好是选择一款自己感兴趣的去学习，以后在游戏公司可以慢慢地接触其他方面。因为想在游戏行业发展，不仅需要专业精通，还需要对整个过程都有所了解。笔者在这里就简单地阐述一下，希望对于喜欢游戏设计专业的人员有些帮助。

一、引擎设计

当一款游戏设计的开发工作正式开始的时候，首先要解决的问题就是引擎。引擎的开发往往是由游戏设计人员协助程序设置人员完成的。在这里要明确一点，游戏设计的好坏跟引擎有很大的关系，所以引擎设计得是否合理就从某个程度上反映了游戏设计的水平。而引擎设计应从以下几点出发。

1. 功能分类

任何一款游戏都有许多功能，如攻击、使用物品、施放魔法、移动、键盘输入、更换装备等。而这些全部需要用引擎来实现。所以，在进行游戏设计的时候就有必要考虑将功能进行分类和简化，并且将某些功能的实现看成是另外几个功能同时作用时的结果。从最基础的功能开始设计，不断地利用已完成的功能去实现新的功能，而其他功能的实现只需要调用一下这些功能的结果就可以了。

2. 物品清单

物品清单本来是应该脱离引擎存在的，它可以通过脚本去实现。但这里所说的物品是游戏世界的最基本的元素。

3. 地图编辑器

地图编辑器最好也包含在引擎当中。其目的不是为了满足玩家的需求，而是为了能够反复利用引擎去开发不同游戏。还记得我们已经有了一些原始的资源吗？那就拿来创造世界吧！当然，我们手头有的资源太少了，地图编辑器还需要更多的资源，如怪物、宝物、地形等。

4. 后门

游戏引擎应该为管理人员提供一个后门。它不仅能够提供一个不经过编译而直接修改游戏内容的方法，而且也为今后的测试提供了极大的方便。到了这里，游戏设计的工作基本上就差不多了。当然不要以为引擎的开发是这样的简单，大量的工作还是由程序人员完成的。我们只是给游戏设计程序人员提供一个导向，或者说是标准。制订这个标准的目的是为了今后开发的方便，而不是为了跟游戏设计程序员找别扭。所以在这方面还是多听些程序员的意见比较好。

二、游戏规则

游戏之所以公平，就是因为游戏对每位玩家所采用的规则都是相同的。所以优秀的游戏设计必定有优秀的规则，无论你要设计的游戏是什么，先把最为主要的规则定下来。

1. 胜负判定

不要认为胜负判定非常容易，其实游戏只要复杂一点，那么胜负的判定就会变得很困难。比如，当一个炸弹同时炸死自己和仅剩的一个敌人的时候如何判定胜负？或者当双方积分相同的时候如何判定胜负？当然，最简单的办法就是和局。所以首先要对胜负（和）进行判定。

2．随机事件

在游戏中常常会出现随机事件，这使游戏变得非常有趣。当随机事件发生的时候上帝都在祈祷。如何充分地利用随机事件来让玩家体会到更多的乐趣，的确需要好好考虑。当然，根据不同的游戏还应该有更多的表达方式，这里无法一一列举出来探讨。

三、剧情

有些游戏有剧情，比如说RPG。而游戏剧情的设计往往是游戏爱好者和游戏设计者的看家本领，建议注意以下几点。

1．长度

庸冗繁琐的剧情是玩家们最讨厌的。所以在无法保证剧情质量的时候还是先考虑保证数量上的简洁，最起码不会被骂作"裹脚布"。

2．结局

相信很多玩家都喜欢多结局RPG，有悲剧结局也有喜剧结局，还有恶搞结局。所以游戏设计者在结局处理上可以比在故事情节上多下些功夫。其实无厘头的结局也不失为一个选择。

3．支线剧情

有的玩家不喜欢支线剧情，有些玩家十分喜欢支线剧情游戏。其实这实在没什么好争论的，游戏设计的时候可以完全兼顾。现在一款简单的游戏基本上就有个轮廓了，但是我们还可以丰富它，让它成为赚钱的利器。

4．法术、物品、属性

（1）法术

法术不要太多，要有针对性。不要将游戏做成NWN那样。每个人都可以从不同角度给NWN做出很高的评价，但真正窝在家整天玩的不是NWN，而是TFT。

（2）物品

"终极装备""黄金宝剑""暗金套装""超级极品"，你的游戏需要这些吗？为什么不呢？一切有利于赚钱的都值得考虑。

（3）属性

《星际争霸》和TFT是当今最火的游戏中极耀眼的两个，值得称赞的地方太多了。但是大家应该注意到一点，那就是属性的修改是每个版本必须做的工作。因此我们在游戏设计的时候也要着重考虑这个环节，这不仅可以让游戏设计变得趋于完美，更主要的是可以获得很多免费的评论和宣传，也会招来很多新的玩家。

四、其他

需要提的太多了，像"怪物""BOSS""迷宫"等这些具体的问题可以根据具体的游戏来确定。有一点是不变的，那就是游戏要用来取得经济效益，这是游戏开发商的最本质目的。

五、界面与操作

不是打开电脑就会直接进入游戏程序，当双击一个应用程序图标之后，才进入到游戏的主界面，接下来玩家才可以根据主界面中的各种游戏按钮来选择操作。

1．界面

界面的设计力图简洁、明了，能够让玩家一眼找到游戏中的重要按钮，新的游戏(New Game)、保存（Save）、载入（Load），当然最为重要的就是要在明显的地方放上退出（Quit）。F1键（游戏信息）一定要设计，但不要有过多的文字，没有几个玩家愿意花十几分钟去看里面的信息。更不能让玩家去找按钮，应该直接用箭头指出，提示给玩家。有些按钮或状态栏隐藏在深一些的菜单中，玩家不容易找到，一定要有演示动画指明地方。要知道，玩家停留在帮助信息中的时候越长越容易放弃一款游戏。

2.操作

最好采用通用的操作，比如说鼠标左键是选取，右键是放弃。关闭按钮在窗口右上方或窗口底部明显的位置。鼠标移动最好是左键走，右键跑。键盘操作最好是W、S、A、D或↑、↓、←、→。游戏设计师应该尊重玩家的操作习惯，这样容易博得玩家的认同感。还有，热键和自定义键位功能应该是为那些高级玩家准备的。这些东西不必要告诉新手，也没必要在HELP信息里明显显示，让玩家自己慢慢地去摸索就好了。到这里基本上一款游戏设计工作就接近尾声了。

第二节 游戏设计与计算机

一、二维游戏设计软件

1.FlipBook

FlipBook是一个非常优秀的二维动画制作软件。它可以在摄像机下扫描或是拍摄动画师的制图。当开始播放镜头的时候，动画师也可以通过输出率表编辑时间和改变播放镜头。 动画师还可以在输到视频或是置入网上之前上色，并可以为每一个角色或每一个动画做一个调色板，可选择的颜色共有1600种。 如果选择新的颜色，这个软件也会自动重新给整个镜头上色。在限制动作的镜头里，这个软件将会自动为每一帧上色并使之与第一帧相匹配，这就节省了动画师用手给每一帧上色的时间。（图4-2-1）

2.Toon Boom Studio

Toon Boom Studio是绝对经典的二维矢量动画设计软件，也是当前Flash MX唯一直接支持的专业动画平台，其制作优点难以尽数。广泛的系统支持，可用于所有 Windows 系统及Mac 苹果系统；唯一具有唇型对位功能；引入镜头观念，可控制大型动画场面；具有灵活的绘画手感。Toon Boom Studio软件还自带了镜头、灯光、场景、3D等功能，能够快速导入图片、声音、动画文件，完成后能够将所有制作的动画导出为SWF格式(Flash软件的专用格式)，方便动画师观看和修改动画。（图4-2-2）

3.Animo

Animo是英国Cambridge Animation公司开发的运行于SGI O2工作站和Windows NT平台上的二维卡通动画制作系统，它是世界上最受欢迎、使用最广泛的系统，世界上大约有220多个工作室所使用的Animo系统，其数量超过了1200套。众所周知的动画片《空中大灌篮》《小倩》《埃及王子》 等都是应用Animo系统的成功典例。它具有面向动画师设计的工作界面，扫描后的画稿保持了艺术家原始的线条，它的快速上色工具提供了自动上色和自动线条封闭功能，并和颜色模型编辑器集成在一起，提供了不受数目限制的颜色和调色板，一个颜色模型可设置多个"色指定"。它具有多种特技效果处理功能，包括灯光、阴影、照相机镜头的推拉、背景虚化、水波等，并可与二维、三维和实拍镜头进行合成。它所提供的可视化场景图能够让动画师只用几个简单的步骤就可完成复杂的操作，工作效率和速度倍增。（图4-2-3）

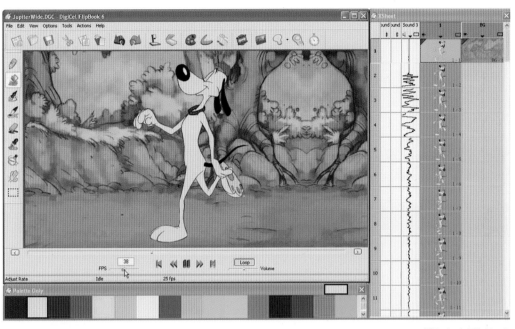

图4-2-1 FlipBook

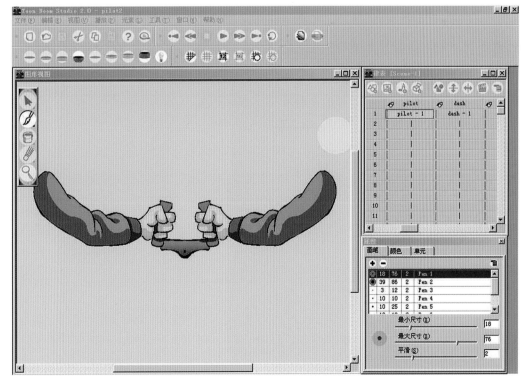

图4-2-2 Toon Boom Studio

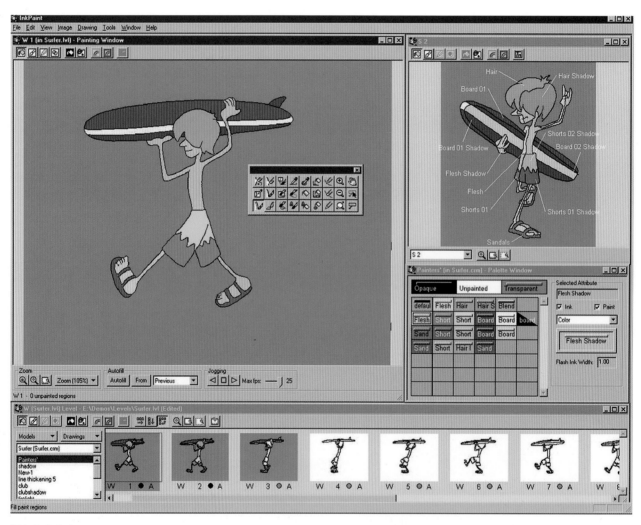

图4-2-3 Animo

二、三维游戏设计软件

1.3D Studio Max

3D Studio Max，常简称为3Ds Max或MAX（图4-2-4），是Discreet公司开发的（后被Autodesk公司合并）基于PC系统的三维动画渲染和制作软件。其前身是基于DOS操作系统的3D Studio系列软件。在Windows NT出现以前，工业级的CG制作被SGI图形工作站所垄断。3D Studio Max + Windows NT组合的出现一下子降低了CG制作的门槛，并首先运用在电脑游戏中的动画制作中，进而又参与影视片的特效制作，如《X战警2》《最后的武士》等。在Discreet 3Ds Max 7后，正式更名为Autodesk 3Ds Max，最新版本是Autodesk 3Ds Max 2014。

2.Autodesk Maya

Autodesk Maya（图4-2-5）是美国Autodesk公司出品的世界顶级的三维动画软件，应用对象是专业的影视广告、角色动画、电影特技等。Maya软件功能完善，工作灵活，易学易用，制作效率极高，渲染真实感极强，是电影级别的高端制作软件。

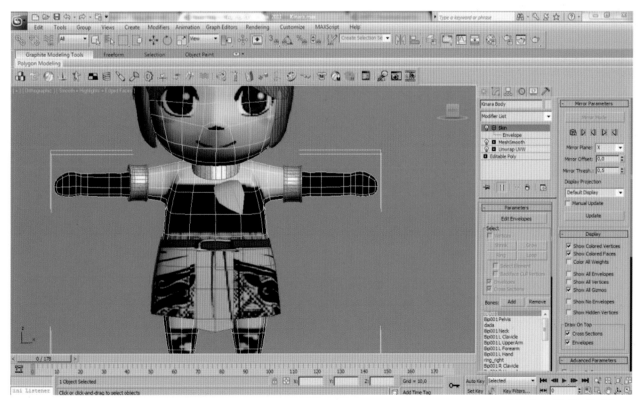

图4-2-4 3D Studio Max

Maya软件售价高昂，声名显赫，是制作者梦寐以求的制作工具。掌握了Maya，会极大地提高制作效率和品质，调制出仿真的角色动画，渲染出电影一般的真实效果，让制作者向世界顶级动画师迈进。

Maya 集成了Alias Wavefront 最先进的动画及数字效果技术。它不仅具有一般三维和视觉效果制作的功能，而且还与最先进的建模、数字化布料模拟、毛发渲染、运动匹配等技术相结合，并且Maya 可在Windows NT与 SGI IRIX操作系统上运行。在目前市场上用来进行数字和三维制作的工具中，Maya 是首选的软件。

很多三维设计人应用Maya软件，因为它可以提供完美的3D建模、动画、特效和高效的渲染功能。另外Maya也被广泛地应用到了平面设计（二维设计）领域。Maya软件的强大功能正是那些设计师、广告商、影视制片人、游戏开发者、视觉艺术设计专家、网站开发人员们极为推崇的原因。Maya将他们的标准提升到了更高的层次。

3.3Ds Max 和 Maya 的区别

Maya是高端3D软件，3Ds Max是中端软件，易学易用，但在遇到一些高级要求时（如角色动画/运动学模拟，3Ds Max远不如Maya强大。

3D游戏就是三维游戏，3D中的D是Dimensional(维)的缩写。三维游戏中点的位置由三个坐标决定。客观存在的现实空间就是三维空间，具有长、宽、高三种度量。三维游戏（3D游戏）是相对于二维游戏（2D游戏）而言的，因其采用了立体空间的概念，所以更显真实。3D游戏对空间操作的随意性较强，也更容易吸引人。3D游戏的视角可以随意变动，具有较强的视觉冲击力。

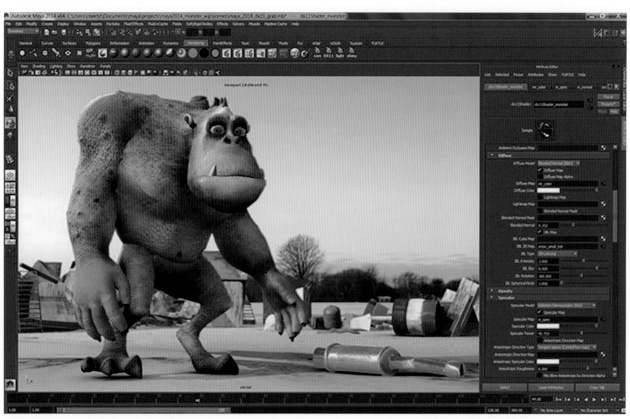

图4-2-5 Autodesk Maya

次时代，即下一个时代，未来的时代。现在常说的次时代科技，即指还未广泛应用的先进技术。目前对次时代一词运用最多的领域是家用游戏机上的游戏和最新的网络游戏。常说的次时代游戏指的是还未发售，或者发售不久，在性能上比现在主流的游戏更卓越的游戏，主要是体现在画面上。

现在随着次时代游戏的进步，次时代高清游戏相对于上个时代的游戏有很大的变化，主要是提升了画面的各种效果，如设计资源上，更多面数的模型，更大分辨率的贴图，更耗资源的特效。

次时代的核心技术是"法线贴图"技术。法线贴图是可以应用到3D模型表面的凹凸纹理的渲染方式，不同于以往的纹理只可以用于2D表面。作为凹凸纹理的扩展，它包括了每个像素的高度值，内含许多细节的表面信息，能够在平淡无奇的物体上创建出许多种特殊的立体外形。你可以把法线贴图想象成与原表面垂直的点，所有点组成另一个不同的表面。对于视觉效果而言，它的效率比原有的表面更高，若在特定位置上应用光源，它可以生成精确的光照方向和反射。法线贴图多用在CG动画的渲染以及游戏画面的制作上，将具有高细节的模型通过烘焙渲染出法线贴图，贴在低端模型的法线贴图通道上，使之拥有法线贴图的渲染效果，这样也可以大大降低渲染时需要的面数和计算内容，从而达到优化动画渲染和游戏渲染的效果。法线贴图是一种显示三维模型更多细节的重要方法，它解决了模型表面因为灯光而产生的细节。这是一种二维的效果，所以它不会改变模型的形状，但是它计算了轮廓线以内极大的额外细节。在处理能力受限的情况下，这对实时游戏引擎是非常有用的，另外，当渲染动画受到时间限制时，它也是极其有效的解决办法。

思考与练习

1. 请简要说明二维游戏设计软件 Toon Boom Studio 的特点。
2. 简述 Autodesk Maya 有哪些功能。
3. 简述 3Ds Max 和 Maya 的区别。

第五章
游戏编辑工具软件

多元化的游戏编辑工具软件可以协助游戏开发人员进行数据的编辑与相关属性的设置，也便于日后错误数据的修改或删除工作。在游戏开发过程中，常需要一些实用的工具程序来简化或加速游戏团队成员的开发流程，这些工具也是为了游戏中的某一些功能而开发的，如地图编辑器、剧情编辑器等。例如，当游戏开发团队考虑到游戏整体的流畅度时，或者在建构3D场景时，经常会因为没有提供实用与兼容的编辑工具软件而造成团队间包括企划人员、程序人员和美术人员间工作的互相牵制，因而延误了游戏制作的进程。

第一节 游戏地图的制作

当然，在一套大型游戏的开发过程中，美工人员不可能将每张大型图片都画出来以供程序使用，他们通常是利用单一组件的表现方式来显示全场景的外观。例如，我们将一个石柱的图片组件设置于场景中（图5-1-1），然后利用相同的手法将这个石柱复制成两个（图5-1-2），如果需要更多，我们可以以此类推，继续复制。

图5-1-1 将一个石柱的图片组件设置于场景中

图5-1-2 将一个石柱复制成两个

一、地图编辑器功能

在游戏制作过程中，无论是2D或3D游戏，都需要使用编辑器来制作场景地图。编辑器是策划人员游戏中所需要的，将场景元素告诉程序设计师与美工人员，然后程序设计师利用美工人员所绘制出的图像来编写一套游戏场景的应用程序，最后把这个程序提供给策划人员用来编制游戏场景。

无论哪一类型的游戏，只要牵涉到场景的地图部分，都可以利用这一原则来开发一套实用的地图编辑器。制作实用的地图编辑器的首要条件就是必须将地图上的所有元素等比例绘制。例如，地图中的人物为一个方格单位，树为6个方格单位，房子为15个方格单位（图5-1-3）。这样，制作出的人物与其他地图上的对象就形成等比例的关系，如果按照上图所示比例进行绘制，那么人物、树、房子的比例关系如下：

人物：树=1：6

树：房子=6：15

人物：树：房子=1：6：15

以3D地图编辑器为例，在地图编辑器上，我们可以编辑3D图形的地表、全景长宽、地形凹凸变化、地表材质、天空材质以及地形上所有的存在对象（如房子、物品、树木、杂草等）。

二、属性设置

游戏中最难处理的部分就是游戏场景。游戏场景的设计要考虑到游戏性能的提升（场景是消耗系统资源的最大因素）、未来场景的维护（方便美工人员改图与换图）等，这也是编写地图编辑器的主要目的。一套成熟的地图编辑器，不仅可以帮助策划人员编辑他心目中的理想场景，还可以作为美工人员修改图像的依据。

图5-1-3 按比例绘制后的图像

在地图场景上，如果某个部分不符合策划人员的想法，只要将场景中错误地方利用地图编辑器修改一下即可，而无需美工人员重新绘制场景，因为修改大型场景对美工人员来说是一件相当辛苦的工作。如果场景的图像不够用，策划人员还可以请美工人员再绘制其他小图像来弥补场景的不足。小图像画出来之后，策划人员只要给新增图像设置代码即可，这对于地图的未来扩充性有相当大的帮助。（图5-1-4、图5-1-5）

在场景图像中，我们也可以设置这些小图像的特有属性，如不可让人物走动（墙壁）、可让人物走动（草地）、让人物中毒（沼泽）等，这些属性都可以在地图编辑器上设置，其属性设置值如表5-1-1所示。

游戏属性值会直接影响人物的移动情况，例如，人物在石地地形上移动时，行动就会变得很缓慢，或者人物在经过沼泽地形时会导致失血等。这里笔者只列出了几项基本的属性设置值。在一套成功的游戏中，光是地图属性就可能有几十种变化，而这些与现实相符的地图属性会让玩家在游戏中大呼过瘾。

图5-1-4 《暗黑破坏神2》游戏中的地图部分场景

图5-1-5 《暗黑破坏神2》游戏地图中的小图像

表 5-1-1 场景图像的特有属性设置

元素	编号	长/宽	是否让人物可经过该图像（1/0）	是否会失血（1/0）	行动是否缓慢（1/10）
草地	1	16/16	1	0	0
沼泽	2	16/16	1	1	1
石地	3	16/16	1	0	1
高地	4	16/16	0	0	0
水洼	5	16/16	0	0	0

三、地图数组

当编写游戏主程序的时候，处理地图上的场景贴图是相当重要的。不过在游戏进行中，主程序会进行大量的计算工作，如路径查找。所以如果不想浪费系统资源，就必须在地图场景上下功夫。例如：将地图上的各种图像编辑成一系列的数字类型数组，并且提供给游戏主程序来读取。换句话说，我们用一种特殊的数字排列方式来表示地图上图像的位置。例如，我们用表5-1-2所示的几个数字来表示地图元素。

在地图编辑器上，如果我们看到如图5-1-6的地形，那么游戏中与其对应的地形就如图5-1-7所示。

当用户将地图编辑的结果存储起来后，就可以在文件里将所有用到的图像加以筛选，在游戏主程序读取地图数据时，只读取需要的图像就可以了。而地图上的数组又可以用来显示画面中应该显示的图像，这样就可以减少系统资源的浪费。（图5-1-8）

表 5-1-2 地图图像的代表数字

图像	代表数字
草地	1
沼泽	2
石头	3
高地	4
水洼	5

1	3	1	1	1	3
1	4	1	2	1	1
3	1	2	1	1	1
2	1	1	1	4	4
1	2	5	5	2	1

图5-1-6 数字编辑的地形图

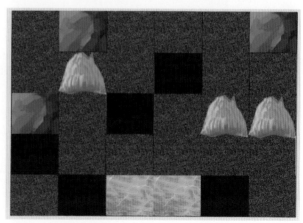

图5-1-7 将数字转化为图像

1	3	1	1	1	3
1	4	4	4	1	1
3	1	4	1	1	1
2	1	1	1	4	4
1	2	5	5	2	1

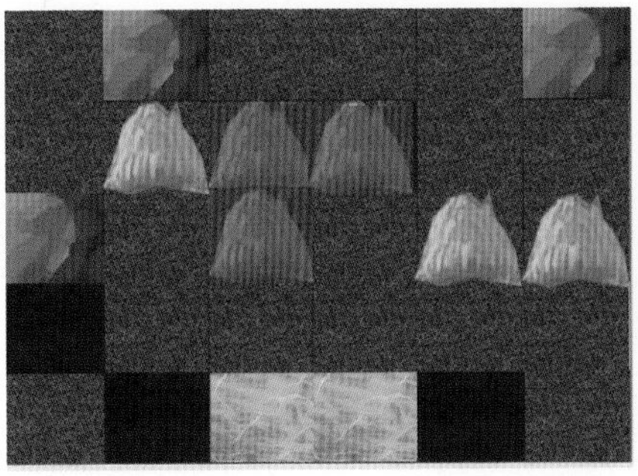

图5-1-8 数字转化为相应的图像

图5-2-1 《巴冷公主》游戏中千奇百怪的魔法特效

第二节 游戏特效

"特效"是一个可以烘托游戏质量的重要角色。一套模式固定的游戏，对玩家没有任何吸引力，除非它是继承之前的经典游戏或流行的热门游戏，否则很难被玩家接受。所以游戏设计者要用游戏中华丽的画面显示来吸引玩家的眼光。

对一套大型游戏来说，程序设计师必须要依照策划人员的规划，将所有特效编写成控制函数以供游戏引擎显示。当游戏中的特效不多时，这种方法还可以接受，但是如果游戏中特效很多，多到超过1000种时，那么让程序设计师一个个地编写特效函数就不太容易了。因此游戏设计者想到了一个办法：请程序设计师编写一个符合游戏特点的特效编辑器，供所有开发团队使用。如果一个人可以利用特效编辑器做出200种特效，那么只要五个人就可以编写1000多种特效了。（图5-2-1）

一、特效的作用

游戏中的特效，可以通过2D或3D的方式来表现。当策划人员在编写特效的时候，首先必须将所有属性都列出来，以方便程序人员编写特效编辑器。

在游戏中，特效也是一种对象，它可以被放置在地表上，例如，利用地图编辑器将特效"种"在地表上（如烟、火光、水流）。以一个3D粒子特效为例，它的属性就必须包括特效原始触发地坐标、粒子的坐标位置、粒子的材质、粒子的运动路径与方向等。（图5-2-2）

二、特效编辑器

在程序设计师接手策划人员的特效示意图之后，便可以着手设计特效编辑器。在上述3D特效粒子中，由于游戏以3D特效为主，所以必须将策划人员绘制的示意图设置成三维坐标图，并且编写所有粒子拥有的属性，如表5-2-1所示。

101

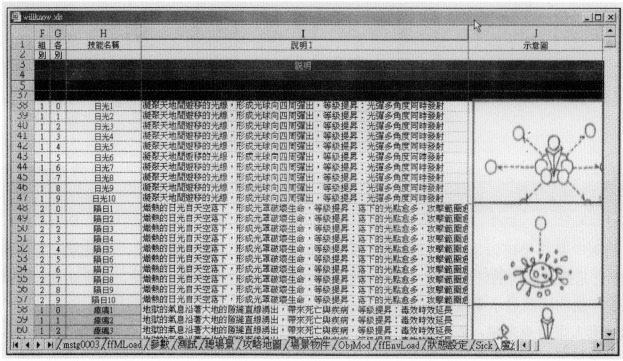

图5-2-2 一个3D粒子特效

表 5-2-1 3D 特效粒子属性

属性设置值	说明
PosX/PosY/PosZ	粒子X坐标/Y坐标/Z坐标
TextureFile	粒子的材质
BlendMode	粒子的颜色值
ParticleNum	粒子的数量
Speed	粒子的移动速度
SpeedVar	粒子移动速度的变量
Life	粒子的生命值
LifeVar	粒子的生命值的变数
DirAxis	运动角度

关于上表的粒子属性编辑，请参考之前讲的粒子特效与种类。当用户编辑出粒子的所有属性后，程序设计师只要再调用3D成像技术，便可以轻易地用特效编辑器编辑出想要的特效（图5-2-3）。

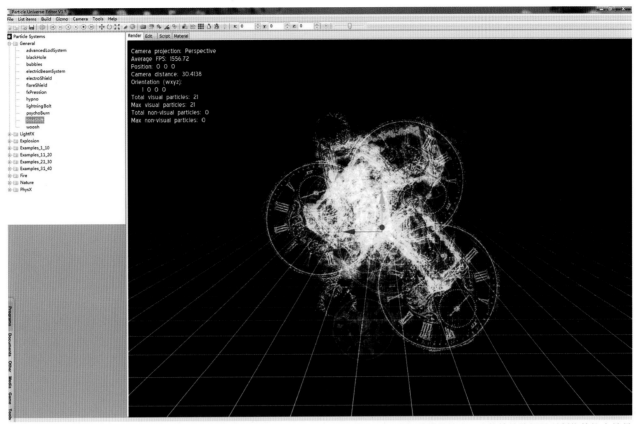

图5-2-3 配合3D成像技术开发的特效编辑器所制作的炫光效果

第三节 剧情编辑器

　　贯穿一套游戏的主要因素是游戏的剧情，而剧情通常用来控制整个游戏的进程。我们可以将游戏中的剧情分为两大类：一类是主线剧情，另一类是旁支剧情。下面就针对这两大剧情来详加介绍与说明。

一、剧情架构

　　在介绍游戏的两大类剧情前，我们首先来看一下游戏的主要流程是如何进行的。（图5-3-1）

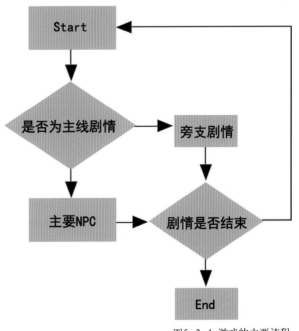

图5-3-1 游戏的主要流程

在游戏中，为了使剧情发展更加曲折，可以在主要的剧情上另外编辑一些与次要人物的对话，而这些加入的人物对话是以不影响整个游戏的主要进程为原则。当然，在规划游戏剧情的时候，也可以将主要的主线剧情由单线剧情扩展成多线剧情。为了让故事再增加一些复杂情景，还可以继续分类下去。（图5-3-2）

值得注意的是，不要为了故事的丰富性，而随意增加一些无谓的剧情，这样会导致玩家对游戏失去兴趣，而且对于剧情架构而言，也会让程序设计师难以维护。不过，笔者还是建议用"多线"的方式来逐步发展游戏故事的剧情，唯一的条件就是最后还要让这些多线式的剧情再整合起来。多线式的剧情的架构如图5-3-3所示。

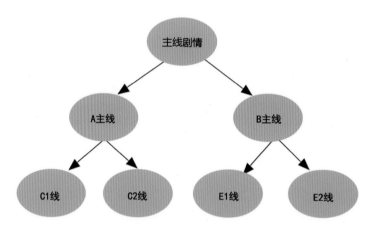

图5-3-2 发展为复杂的多线剧情

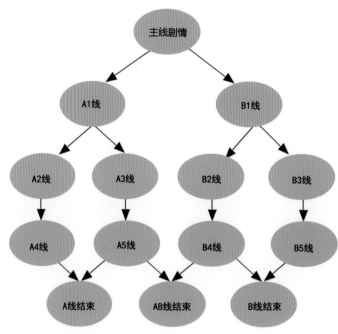

图5-3-3 将多线式剧情再结合起来

104

二、主线剧情

主线剧情就是游戏设定好的大致游戏线索，一般由游戏中预设的非玩家人物的提示引导玩家进行游戏。所谓非玩家人物（Non Player Character，NPC），是指在一个时间背景里，不只有一个主角存在于游戏世界中，还需要有另外一些人物来陪衬，而另外这些人物就是"非玩家人物"。这些非玩家人物可以为玩家带来剧情进程上的提示，或者给玩家所操作的主角带来武器与装备的提升。玩家不可以主动操作这些人的行为，因为他们是由策划人员所提供的AI（人工智能）、个性、行为模式等相关的属性决定的，程序设计师已经按策划意图把这些人物的行为模式设计好了。

NPC可能是玩家的朋友，也可能是玩家的敌人，为了游戏的剧情能够延续下去，与这些NPC人物的对话内容就显得非常重要。（图5-3-4）

图5-3-4 《剑侠情缘》游戏中五花八门的NPC

三、旁支剧情

旁支剧情在游戏中起陪衬作用，如果一套游戏少了旁支剧情，总会让玩家觉得少了几分乐趣。严格来说，旁支剧情不能影响游戏中主要剧情的发展，他们会让玩家在游戏中取得一些特定且有用的物品，如道具、金钱或经验值等。如玩家在游戏中的某个村庄里，或在路上会遇到一些NPC，他们可能会说出无关紧要的话，如"敌人真是太强大了！"或"可怜可怜我吧！"甚至有些会提出交易请求。例如："我有一本秘籍，学成后天下无敌，只要给我1000000个金币你就可以得到。"这样的NPC一般是开发者设计的陷阱，让游戏难度加大。笔者曾经就被 NPC人物骗光了所有钱。这样的设置虽然很简单，但是已经成功达到了玩家与游戏中之间的互动。这样玩家会更加喜欢这类游戏。

四、剧情编辑器

所谓剧情编辑器，就是让用户可以根据自己的喜好，在一定的指令条件下，编辑属于自己的故事剧情。剧情编辑器中的指令成为"编辑Script指令"。（图5-3-5）

为了让用户在游戏中编辑故事剧情，剧情编辑器就必须制订出一系列的"指令"以供用户输入。例如，当用户在编辑一个NPC的对话时，剧情编辑器就必须提供一个让NPC说的指令，例如，"TALK MAN01你好吗？"

其中，"TALK"是剧情编辑器提供给NPC说话的指令，"MAN01"是定义NPC的编号，

"你好吗？"则是NPC所说的话。以上就是剧情编辑器的主要指令用法。其实还可以将上述的"TALK"指令进行扩充，增加细节参数的部分，例如：TALK MAN01 人物编号，"对话字符串"，NPC动作，NPC示意图，示意图方向（L/R）。

剧情编辑器的指令参数设置要靠策划人员来详细规划，策划人员必须将游戏中可能发生的状况与发生后的状况一一列出，以供程序人员设置剧情编辑器指令时使用，而程序人员可以将剧情编辑器的流程进行规划（图5-3-6）。

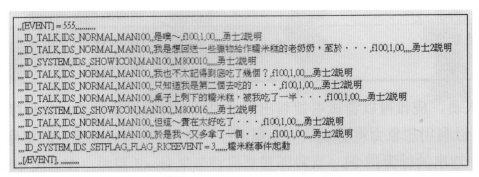

图5-3-5 剧情编辑器编写好的一段剧情

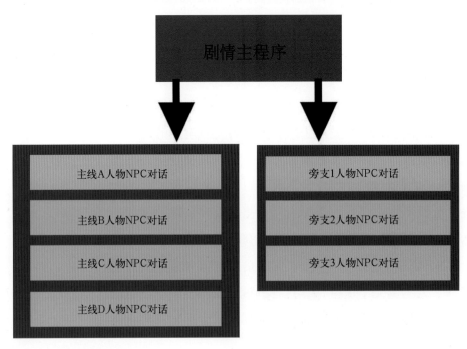

图5-3-6 剧情编辑器的流程

策划人员根据流程图规划的NPC指令如表5-3-1所示。

表 5-3-1 剧情流程图规划中的 NPC 指令

指令	附加参数	说明
TALK	NPC人物编号，"对话字符串"NPC人物动作，NPC人物示意图，示意图方向（L/R）	NPC对话
MOVE	NPC人物编号，$X／Y$坐标，移动速度，移动方向（1／2／3／4）	NPC移动
ATT	NPC人物编号，被攻击的NPC人物编号，NPC人物动作	NPC攻击某一个NPC人物（包括主角）
ADD	加数，被加数	指令内的加法运算（通常用来计算人物的血量）
DEL	减数，被减数	指令内的减法运算（通常用来计算人物的血量）

策划人员应该尽可能全面地规划游戏中可能发生的事，以方便程序设计人员编写剧情。用户可以利用想象力将游戏从头到尾运行一遍，并将所有可能发生的事件与行为都记录下来，最后归纳成一连串的行为指令。

第四节 人物与道具编辑器

在一套游戏中，人物与道具是最难管理的数据，因为它们在游戏中使用的数量最多。如果想有效地管理这些数据，并且考虑到游戏后期的维护等问题，建议用户不妨使用Microsoft Office 所提供的软件——Excel。Excel是一个电子表格软件，具有明确可见的表格化字段，它不仅可以管理游戏的数值数据，还可以查找某些特定的数据，使用起来非常方便。

一、人物编辑器

在游戏的开发中，我们可以根据人物的个性与特征进行人物的相关设置，例如，某个高大且体格健壮的角色，通常会归类为攻击力强、魔法力（智力）弱、防御力一般的属性，也就是属于头脑简单、四肢发达的人；对于老人的设定，往往拥有神秘的魔法，通常归类于攻击力弱、魔法力（智力）高、防御力弱的属性，如游戏中的巫师、魔法师。表5-4-1列出几个人物设置中常用的属性。

表 5-4-1 游戏人物常用属性设置

属性	说明
LV	人物的等级
EXP	人物的经验值
MAXHP	人物的最大血量
MAXMP	人物的最大魔法量
STR	人物的攻击力
INT	人物的魔法力（智力）

在Excel中编辑出来的人物属性和对应的人物形象。（图5-4-1）

游戏中的怪物同样也能用Excel进行属性的设置。（图5-4-2）

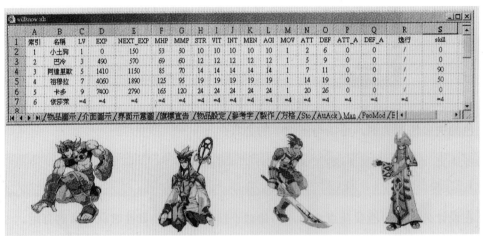

图5-4-1 不同游戏人物的属性表和部分角色形象

图5-4-2 用Excel编辑怪物的属性值

以角色的失血情况为例，可以写出如下公式：

敌方防御力／（人物ＳＴＲ＋ＳＴＲ加值×0.1）＝失血量

$200/[(100+50)×0.1]＝13.3$

虽然在设计公式时可能要花点心思，但是在日后设置人物属性时就非常有用。

二、人物动作编辑器

人物动作编辑器用来编辑3D人物的动作。在ＭＤ3格式中，可以将人物的所有动作都存放在一个文件中，人物动作编辑器又将这些动作加以分类，而设计者就必须使用人物动作编辑器来设置与这些模型动作相关的数据，供游戏引擎使用（图5-4-3）。

三、武器道具编辑器

在游戏的战斗状态中，会随机出现多种武器及道具，或者出现与主角配合的必杀技。虽然这些道具看起来不是那么起眼，但是它们的存在却让角色扮演类游戏增色不少。这些为数众多的武器和道具也可以利用Excel进行管理与维护（图5-4-4）。

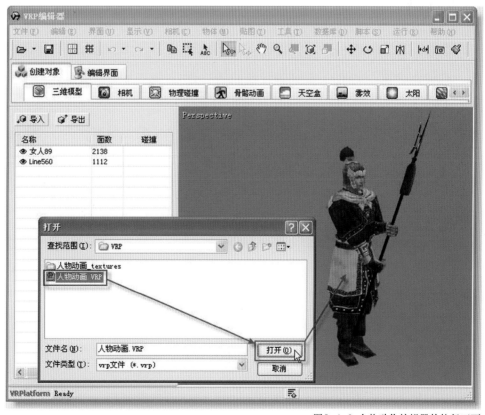

图5-4-3 人物动作编辑器的执行画面

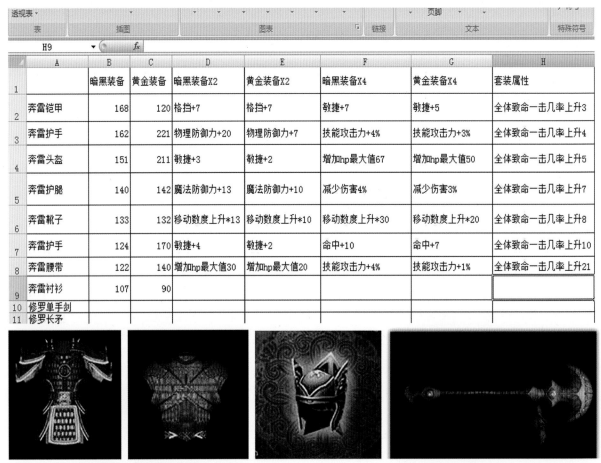

	暗黑装备	黄金装备	暗黑装备X2	黄金装备X2	暗黑装备X4	黄金装备X4	套装属性
奔雷铠甲	168	120	格挡+7	格挡+7	敏捷+7	敏捷+5	全体致命一击几率上升3
奔雷护手	162	221	物理防御力+20	物理防御力+7	技能攻击力+4%	技能攻击力+3%	全体致命一击几率上升4
奔雷头盔	151	211	敏捷+3	敏捷+2	增加hp最大值67	增加hp最大值50	全体致命一击几率上升5
奔雷护腿	140	142	魔法防御力+13	魔法防御力+10	减少伤害4%	减少伤害3%	全体致命一击几率上升7
奔雷靴子	133	132	移动数度上升*13	移动数度上升*10	移动数度上升*30	移动数度上升*20	全体致命一击几率上升8
奔雷护手	124	170	敏捷+4	敏捷+2	命中+10	命中+7	全体致命一击几率上升10
奔雷腰带	122	140	增加hp最大值30	增加hp最大值20	技能攻击力+4%	技能攻击力+1%	全体致命一击几率上升21
奔雷衬衫	107	90					
修罗单手剑							
修罗长矛							

图5-4-4 部分道具属性值和相应道具图片

武器和道具的属性设置比人物属性设置简单。只要在武器上设置一系列的等级，再以等级来区分武器攻击力的强弱即可。如果还要细分武器的属性，可以再加入武器增强值（除攻击力之外的附加值）和武器防御值（可提升武器防御力）等。

第五节 游戏动画

我们在游戏中制作３Ｄ动画时，经常要模拟一些动画场景，这时就需要使用动画编辑器。动画的编辑有点像动画的剪辑，当动画编辑完成后，我们可以把它当作一部卡通短片来看，因为编辑后的动画已经具备了图像与声音效果。

动画与卡通影片的制作原理基本相同，使用的都是视觉暂留原理。将一张张动作连续的图片依照特定的速度播放，从而产生动画效果，在图片的显示速度上，一般每秒２０～３０张的帧速率是较为理想的。

制作动画编辑器的方法有以下两种：第一种是制作动画并显示于地图中，这种做法是针对单一独立的对象，如风车转动或冒烟等；第二种方式就是直接制作几张背景图，也就是说地图本身就是画，如潺潺的流水或是飞翔的鸟儿等。（图5-5-1）

另外动画编辑器具有集成音效的功能，可以在这里加入音效数据或其他数据，以供其他动画特效使用。（图5-5-2）

图5-5-1动画编辑器制作动画的界面

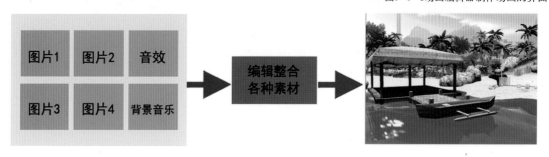

动画编辑器　　　　　　　　　　　　　　　　　动画画面

图5-5-2 动画编辑的概念图

上图所示为动画编辑的概念图，一张单页的图片，也可能由若干张图片组成。当然，这些图片都可以加入效果参数，如果没有将音效数据放进编辑系统中，动画与音效的同步将会变得困难。例如，当游戏中的武士挥剑时，需要搭配挥剑的音效，而我们必须将音效的数据放入动画中，游戏才能在播放这个动作的时候产生音效效果。

思考与练习

1. 简述编辑工具软件的作用。
2. 何谓地图编辑器？
3. 游戏中的剧情可以分为哪两大类？
4. 何谓动画编辑器？

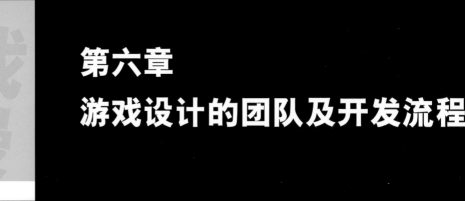

第六章
游戏设计的团队及开发流程

第一节 游戏设计的团队

　　游戏生产是一个复杂的商业过程，现在仅凭一己之力想要完成游戏生产并实现盈利已经变得非常困难，而游戏公司作为一个商业组织在这方面具有明显的规模优势。游戏公司内部有着明确的分工，一款畅销游戏不仅包含了游戏开发者的努力，还需要其他部分的紧密配合。因此打算从事游戏工作的读者应该对游戏公司的组织结构和内部分工有深入的了解和认识。

　　游戏公司的规模是随着游戏产业的发展逐渐扩大的。在早期游戏开发中，三五人的开发小组就可以完成一款高质量的街机游戏，而现在至少需要数百甚至上千人才能完成一款大型3D游戏，如《质量效应2》（图6-1-1）、《拿破仑：全面战争》（图6-1-2）这样的3D大制作。

图6-1-1 《质量效应2》

图6-1-2 《拿破仑：全面战争》

113

一、策划人员

游戏策划（Game Designer），也有的公司称游戏企划、游戏设计。这个名词指游戏开发的一个重要要素，有时也指承担相关岗位工作的人。为了不产生歧义，本书使用"游戏策划师"或者"游戏设计师"指代从事策划工作的人。顾名思义，游戏策划师的主要职责是负责游戏项目的设计以及管理工作。

从企业岗位设置角度看，策划团队主要负责以下工作。

（1）以创建者和维护者的身份参与到游戏的世界，将想法和设计传递给程序和美术人员；

（2）设计游戏世界中的角色，并赋予它们性格和灵魂；

（3）在游戏世界中添加各种有趣的故事和事件，丰富整个游戏世界的内容；

（4）调节游戏中的变量和数值，使游戏世界平衡稳定；

（5）制作丰富多彩的游戏技能和战斗系统；

（6）设计前人没有想过的游戏玩法和系统，带给玩家前所未有的快乐。

游戏策划人员是整个游戏开发过程中的灵魂人物，是最初对游戏的玩法、逻辑、难点、流程以及故事情节进行构思的人。一方面，游戏策划人员需要对游戏总体设计方案和风格进行把握，包活游戏题材和游戏玩法的策划；另一方面，游戏策划人员需要具备一定的美术、程序基础，并且通过高效的管理来协调美术、程序部门实现游戏设计。因此一个优秀的游戏策划方案不光是游戏创意水平的体现，也是游戏作品质量的保证。同时，对于游戏的熟悉程度，估计没有哪个开发人员会比游戏策划人员更清楚了：大到游戏框架，小到界面热键，一点一滴都需要游戏策划人员进行详细的描述和设计，也只有游戏策划人员才能对游戏的实现情况进行全面的把握。所以，如果游戏策划人员能够协调好各部门的工作，那么项目进展就会比较顺利。从这个意义上讲，游戏策划人员的个人能力和协调水平，都是影响游戏开发和制作的关键因素。

大部分公司在招聘启事的岗位设置上通常分"主策划"和"执行策划"两个职位。主策划其实是表明策划团队的Leader身份，冠以"策划主管"还是"策划总监"的头衔并不重要，一般由具有多年游戏设计经验的人员担任。他必须具备较强的沟通协调能力。他的主要工作职责在于设计游戏的整体概念、负责团队的设计文档制作，以及在日常工作中管理和协调整个策划团队，指导策划团队的成员进行游戏设计工作。在管理工作之外，主策划也可能和其他执行策划一样，担负具体的工作。

从承担的具体实作任务看，执行策划们主要分为：系统策划、文案策划、关卡策划、界面策划，以下分别进行介绍。

1. 系统策划

系统策划，又称为游戏机制策划，也就是我们常说的游戏规则设计师。他的主要职责是在主策划的核心思路指导下进行工作，搭建游戏世界结构、协助主策划进行细节处理、完成游戏内容。具体任务包括设计游戏角色、道具等游戏元素，将游戏规则进行细化，调整游戏对象模型的数值，调整游戏平衡性等。系统策划需要编写和维护相关的策划文档，并且保证版本的更新。

在实际环境中，系统策划需要完善游戏元素，丰富游戏内涵；对关卡、资源等进行验收和测试，保证资源质量，修正和完善在制作和测试过程中发现的缺陷和不足。

由于要负责游戏的一些系统规则的编号，对

系统策划的逻辑思考能力要求高，实现这些规则的代码工作需要交付给程序团队落实，所以担任系统策划的人员往往都具有一定的编程基础。

游戏数值策划，又称游戏平衡性设计师。主要负责和游戏平衡性方面有关的规则和系统的设计，包括AI的规则等，可以说除了剧情方面以外的内容都需要数值策划参与。游戏数值策划的日常工作和数据打交道比较多，如我们在游戏中所见的武器伤害值、HP值、战斗胜负的计算公式等都由数值策划所设计。

2.文案策划

游戏文案策划，又称剧本策划或编剧，负责按照游戏主策划的规划设计游戏，设定、撰写游戏的世界观、故事背景、人物对话、游戏情节和线索。

游戏文案策划是体现游戏文化内涵的重要部分，它们是将游戏世界付诸文字，并将其形象化的实施者。如果是开发ACT、FPS这类游戏，游戏文案策划的工作不是游戏研发人员的核心，但是对于RPG这些以情节见长的游戏类型，缺少他们的努力，游戏的魅力将大打折扣。

文案策划，首先需要具有较高的理解能力、编辑写作能力，以达到游戏主策划对游戏世界观设定要求等。

其次，掌握Office工具以及Visio流程图等工具的使用方法也是研发人员落实工作的要求。

再次，文案策划还需要协调能力。以编写剧情、脚本和对话为例，有时候这些工作由他们直接完成，有时候某些具体的特殊对话会需要同关卡设计师一起讨论后进行调整，如SFC上《梦幻模拟战2》（图6-1-3）这类对话情节选择决定内容分支的游戏。

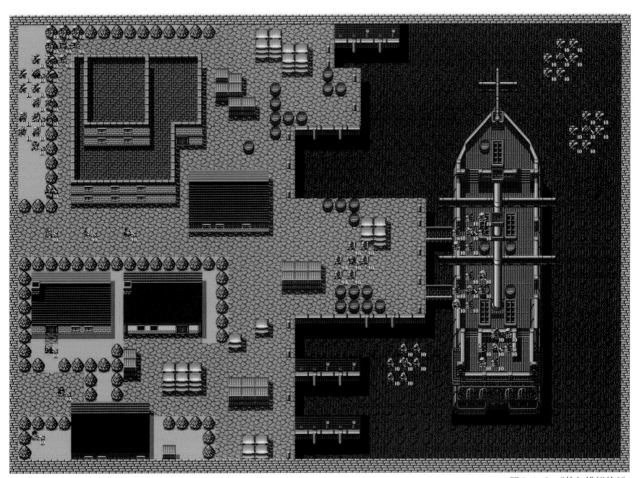

图6-1-3　《梦幻模拟战2》

115

图6-1-4 《英雄连》

特别要指出的是，好的游戏文案策划，必须知识面广，还要学会考证查找一些必要的资料。如策划《英雄连》（图6-1-4）这样一个历史题材游戏的时候，对于武器装备的名字、外观、性能我们就不能只靠想象来融合画面了。

当游戏软件项目进行到后期时，文案策划仍然是游戏宣传推广和产品深度开发的重要参与者。如撰写玩家手册、宣传新闻、各类公告、论坛文章、网媒文章以及市场需求等文档；根据游戏剧情设计的内容，撰写游戏小说等文字读物，丰富游戏周边内容等。

3. 关卡策划

关卡策划就是设计好场景和物品、目标和人物，给玩家操纵的游戏人物提供一个活动舞台。关卡策划正是通过精心布置这个舞台来把握玩家和游戏的节奏并给予引导，最终达到一定的目的。（图6-1-5）

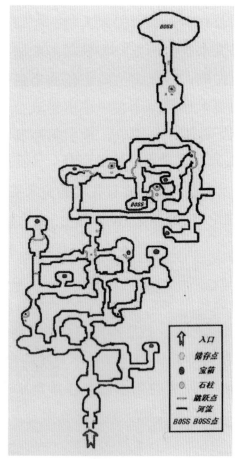

图6-1-5 关卡设计地图

通过和主策划、系统策划进行交流，在明确了关卡的总体目标和具体限制后，关卡设计师将和美工制作、程序员们聚集在一起，使用概念速写、二维平面图、3D效果渲染图等可视化的方式就关卡里的元素进行讨论。关卡的元素通常包括地形地貌、标志性建筑、关卡中的各种物品、敌人以及NPC的行为、情节、目标等。

经过反复几次概念设计和概念评估后，关卡设计师就可以构建游戏关卡了。除了AI控制可能需要编写脚本代码（Script）以外，关卡设计师主要使用程序员为本项目提供的、或者第三方游戏引擎已经提供的关卡编辑器来构建游戏关卡，并不需要和编程语言打交道。因为关卡设计的重点在于游戏性方面，游戏的节奏、难度阶梯等方面很大程度上需要依靠关卡来控制。有经验的团队也可能会把关卡编辑器分解为其他一些工具，如地图编辑器、物品编辑器、NPC编辑器甚至剧本编辑器等。很多游戏厂商甚至把这些工具提供给玩家自行设计关卡，让其自娱自乐。

可以说，一个关卡设计师同时兼具程序、音乐、美术的设计才能。对文案部分内容也拥有一定的修改权利，因为他可以根据自己关卡的需要对具体对话和剧情描述进行调整。

总的来说，关卡策划为每个游戏创造规则和系统来形成游戏主干，关卡设计师执行计划并使这些规则按照游戏计划正确运作。关卡设计师构建游戏环境，创造可见的乐趣，监控游戏的演出效果，在产品上架之前解决并调整游戏中的问题是一个相当繁琐也非常重要的任务。不过，测试人员以及游戏玩家正是通过游戏关卡来体验游戏乐趣的。

4. 界面策划

游戏界面策划与美工的交流比较紧密，负责设计游戏视图、游戏菜单、安装和卸载游戏用户界面，也包括在游戏所有界面下需要相应何种输入控制。

二、美术人员

游戏美术人员又称游戏美工，游戏美工是游戏开发团队中规模最大的一个部门，他们负责为游戏提供美术资源，绘制出游戏中的场景、人物、道具、界面和其他可视化元素。按照艺术创作方式的不同，游戏美术人员可以分为2D美工和3D美工。按照游戏创作内容的不同，又可以分为原画、建模、贴图、动画、界面和特效美工。在大型游戏公司中，游戏美术人员分工非常详细，游戏公司按照流水线的生产方式将各项游戏制作任务分开由专门人员完成，所有岗位的工作成果最后被组合成一个完整的美术作品。而在中小型游戏公司中，游戏美术人员分工并不十分明确，他们需要具备独立的艺术创作能力。

游戏美术人员首先需要有扎实的美术基础，了解美术史、色彩理论、动画理论、设计理论、美术技法等知识。其次，游戏美术人员还应具备优秀的传统美术创作技能，如素描、油画、解剖学、雕刻、摄影等。最后游戏美术人员要能够熟练使用3Ds Max和Photoshop等计算机软件进行游戏图形制作、数字编辑与合成、网页设计等工作。虽然有些专业知识和技能并不直接应用在游戏中，但它们对提高开发者的艺术修养和审美水平有很大帮助，并最终体现在个人游戏美术作品中。

游戏公司美术部门通常会设立一名艺术总监（或称主美工），他与设计总监（主策划）的级别相同，往往由具有丰富经验的、擅长人际关系协调的艺术专家担任。艺术总监负责游戏总体美术风格设计，让每一部分的美术作品都和整体艺术风格保持一致。艺术总监还需要领导整个美术团队，指导和监督其他游戏美术人员进行艺术创作，保证按照游戏项目开发进度准时完成所有的美术制作任务。此外，艺术总监还要决定是否需要游戏程序员为项目制作工具，如一些流行建模软件的插件程序。

在有些游戏公司内部会对美术人员进行分组管理，原画、贴图和界面属于2D美术组，而建模、动画和特效属于3D美术组。下面我们分别对这些岗位进行介绍。

1.2D 美术

2D美术人员属于平面绘图艺术家，他们的传统创作技能在2D游戏开发中发挥了重要作用。很多3D美术人员虽然能够迅速准确地创建出一个游戏模型，但是缺乏真正的手绘能力，而2D美术人员只需要将手绘稿扫描至计算机再进行润色加工，就可以独自完成所有人物、背景、动画、界面和图标等游戏图片的制作。

在3D游戏开发中，2D美术人员也可以充分展示自己的专业才能。以原画设计师为例，他们的主要工作是根据游戏设计要求，使用传统的绘图工具和材料，如钢笔、铅笔和颜料等，为游戏场景、人物、道具绘制草图，向游戏设计人员和游戏建模人员提供游戏关卡及角色的大致外观。这些图片资源不仅可以很直观地表现游戏设计效果，同时它还可以成为创建游戏模型的参考视图。（图6-1-6）

图6-1-6 《魔兽世界》原画设定

在游戏开发任务之外，2D美术人员还承担了游戏网站、产品包装和广告设计等多方面工作。因此2D美术人员大多是具有专业美术功底的画家。这就要求美工人员不仅要有出众的手绘能力，还要熟悉不同美术设计风格的差别，善于把握人物个性和动作，熟练掌握Photoshop、Painter等图形设计软件。

2．建模

我们在3D游戏中看到的所有角色、道具和场景等都是由大量多边形组合而成的复杂网格体，它们被称为游戏模型。3D建模师的工作就是参考游戏原画设计，使用3D建模软件创新游戏模型。游戏建模是一项非常耗时且具有挑战性的任务，3D建模师不仅要有良好的观察力，还要熟练掌握3Ds Max、Maya、Zbrush等3D建模软件的功能和操作。游戏建模是游戏美术制作的基础工作，因此游戏公司对建模人员的需求量很大。

每个3D建模师都有自己的技术特长，因此有的游戏公司会把3D建模师分为角色建模和场景建模两类。角色建模的任务是创建人物、怪兽等角色模型，他们在游戏美术团队中的人数比例为10%～20%。角色建模人员要对人

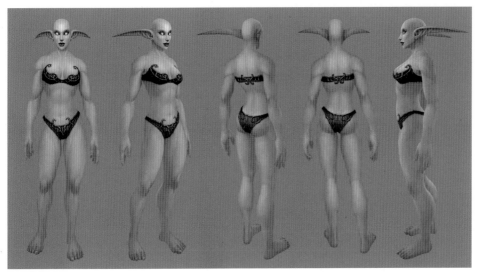

图6-1-7 《魔兽世界》3D角色模型

体解剖结构有深刻的理解，才能制作出真实可信的游戏角色（图6-1-7）。场景建模的任务是创建地形、建筑、植被、道具等模型，他们在游戏美术团队中的人数比例为40%～50%。场景建模人员要特别注意场景细节与游戏整体风格协调一致。

3．贴图

贴图设计师负责为3D模型绘制贴图。我们可以把贴图看成是覆盖于3D模型上的皮肤，它定义了3D模型表面的色彩与材质。贴图设计师使用

119

图6-1-8　3D模型贴图前后的效果对比

Photoshop等绘图软件为3D模型添加各个种类的贴图（如漫反射贴图、透明贴图、法线贴图等），并将它们保存为若干张图片。这些工作花费的时间往往比建模周期长3～4倍。在中小型公司中3D建模师要完成从建模到贴图的所有工作，在大型游戏公司中有专门的贴图设计师负责为3D模型绘制贴图（图6-1-8）。

4. 动画

动画设计师负责制作游戏中角色及物体的动画，如人物的行走或门的开关等。3D动画设计师比较注重3D模型的内部结构设计，他们要在角色内部添加骨骼，让它可以带动3D模型产生合理的动作。为了让动作看上去更加逼真，动画设计师们会使用关键帧或动作捕捉技术。2D游戏动画设计师的创作方式与传统动画片非常相似，他们需要手工绘制出游戏角色在运动过程中的每一帧图片，通过连续播放这些图片以实现流畅的动画效果。动画设计师在游戏美术团队中的人数比例为10%～20%。此外游戏公司还会雇佣一些动画剪辑师来制作游戏过程动画，但是目前越来越多的游戏公司更倾向于把这部分工作交给外部工作室完成。

5. 界面

界面美工师的主要任务是根据界面策划师的意见制作游戏用户界面。内容包括游戏菜单及选项、游戏主画面、游戏辅助视图以及游戏中可能出现的弹窗口或面板、游戏安装及卸载画面、游戏图标、游戏文字所使用到的特殊字体。界面美工师要不断地与设计师、程序员沟通，修改游戏界面外观。（图6-1-9）

6. 特效

特效设计师负责制作爆炸、烟雾、火焰、瀑布、浪花等画面特效。由于3D游戏特效制作一般要利用游戏引擎提供粒子系统，因此特效设计师要与程序员紧密配合。游戏特效在整个游戏制作中相对简单，动作量较小，所以特效设计师在游戏美术团队中的人数比例只占10%左右。（图6-1-10）

图6-1-9 《双龙决》游戏界面设计

图6-1-10 《英雄连》中的爆炸特效

7．程序人员

如果用房地产的概念来类比游戏制作人，那么主策划好比建筑设计师，执行策划相当于蓝图绘制员，艺术团队是建筑装饰公司，那么程序员就是施工队。游戏的完成最终是要靠程序团队来落实的。他们不仅要编写游戏源代码，还要为开发团队提供技术支持和工具，如策划团队使用的地图编辑器、关卡编辑器。对玩家而言，程序员的工作成果不像游戏美工那么明显，但是程序设计是游戏的骨骼，如果没有代码，游戏将无法运行。

进入3D图形时代，游戏软件的规模不再是孤胆英雄可以应付的。过于执着"千里走单骑"的观念，是造成产品和技术停滞不前的主因。对程序人员而言，他们并不需要完全通晓所有技术底层的来龙去脉，反而，了解游戏软件的基本架构，何种状况何种需求下应该使用哪些惯用技术，以及如何使用该技术，这比如何研发更为关键。

当然，熟悉和掌握基本的数据结构、算法、数据流、线程、面向对象的编程概念等，都是程序员必备的基本功。但游戏在形态、内容和进行方式等方面变化无穷，使得游戏开发实在是一个庞大的课题，技术的进步革新也从未停止。甚至可以说，没有什么软件技术是和游戏完全无关的。但是游戏软件需要炫目的声光效果、流畅的使用者输入、操作机制、网络资源等，而这些效果的实现，都是与硬件高度相依的。因为，游戏程序员是在底层技术上进行开发，所以熟悉操作系统的开发环境有时候比编程语言更重要。

在实际工作中，游戏程序员可能需要具备以下技能。

首先是计算机科学技能。计算机科学是游戏软件开发的基础学科，该专业又可以分为程序设计、软件工程学、计算机图形学、计算机原理、计算机网络与通信、计算机安全、数据库、数据结构与算法、人工智能等若干分支学科。它们几乎在游戏程序中各个方面都有所体现。

其次是数学技能。数学在游戏开发中，尤其在3D游戏中有着极为广泛的应用。如数学中的代数、线性代数、几何学、三角学、统计学与概率论、微积分学、微积分几何学、密码学、数值方法等在游戏中都有应用。当然要完全精通这些数学知识很不易，但它们对于游戏程序开发确实有很大的帮助。

还有物理学技能。物理学和数学一样，和游戏软件开发关系紧密。物理知识对提高游戏画面、声音效果和动作真实感都起到了很大作用。物理学在游戏中的应用有：普通物理学、混沌理论、流体静力学、流体动力学、刚体运动学、动力学、空气动力学、声学等。

下面对程序员的具体分工进行介绍。原则上这些工作应有专人各司其职。不过实际上，不同游戏制作公司也结合自己的实际情况做出调整，大多数公司只是划分主程序员（Leader）和程序员岗位。（尤其是业界广泛采用"游戏引擎"做开发之后，很多岗位可以省略或者进行合并。）

（1）系统程序

系统程序员最主要的责任是负责游戏的核心编程，以及与其他程序员交流合作。程序团队的Leader常常出身自这个团队，或者分管这部分技术任务。

所谓核心编程主要是指游戏的主程序，它可以调用其他的功能模块程序。落实策划书中的游戏对象和数据模型也是系统程序员重要的工作，为此编写一个本游戏项目专用的数据库也很常见。而且实现这些功能还必须先完成商业游戏中很多基础功能程序，如文件处理相关的磁盘读写、图片数据的压缩和解压缩、数据加密、数据安全、版权保护、接受键盘手柄等游戏操作的响应等。

游戏程序员并不需要完全了解数据库系统的每一部分，只要知道如何与数据库建立联机、基本操作、数据表设计、索引建立、正规化、SQL语言、交易或预储程序等（对于目前的RDBMS

而言）游戏所需的相关部分就足够了。总之，开发游戏最重要的是"运用适当的工具"。

另外，关于软件技术的使用，不管是游戏或非游戏软件，"最新的技术"有时并不一定是最有用的技术，且根据经验，大多数游戏软件多使用"成熟技术"而非"尖端技术"。但对新的技术和概念，还是应该抱持积极接触、思考的态度，不一定要熟练掌握它，但至少要了解新的技术和概念适合用来做什么，以及怎样运用。

实际上，如果游戏不需要一切外在呈现，只需要数据内容模型，那么系统程序员已经完成了大部分程序工作。

如今，使用第三方游戏引擎做二次开发是很常见的。在这种情况下，系统程序员的工作可能被不同程度地省去，如某些数据文件的导入导出。不过，落实策划书中的游戏对象和数据内容模型、进行必要的脚本编写仍然是必需的工作。

（2）图像渲染

进行游戏软件的图像渲染是必不可少的工作。尤其在当前的业界环境，3D图像渲染技术甚至可以说是游戏开发技术中难度最大、最能体现公司开发实力的要素之一。

3D技术不仅应用在游戏界，同时它也是许多尖端工业、商业科技的关键技术。其基本原理是将要显示的画面以三角形顶点编码成数据流，透过3D管线作业，决定可视区域、分辨率等级、几何转换及光源处理、材质、混色的过程，并最终成为显示的像素。

如今，上述工作往往是由3D显卡进行硬件处理，为了强化细部控件的弹性，近年来面向GPU研发出一种可编程化的技术，也就是"着色语

言"。另一方面，基于游戏形态和内容变化，亦研发出各种适用于封闭或开阔的场景、建筑、角色单元、粒子系统、有机体的绘制、动画等特殊的算法和优化技术。此外，3D贴图、阴影、特效、摄影技术等无不涉及复杂的数学运算。

处理图像渲染的功能模块常常是游戏引擎的核心模块。如果采用第三方游戏引擎开发游戏，那么图像渲染程序员的工作几乎可以完全被省略。这并不表示游戏公司所需的编程技术不高。相较于绝大多数的商业应用软件而言，游戏所需的软件技术是最广泛最复杂的，只是简单使用游戏引擎开发出完整的游戏就很不容易了。此处强调的重点是"术业有专攻"，游戏公司本身不可能去研发所有必需的软件技术，因此对游戏制作人员而言，"知道怎么运行现行技术做游戏"比"知道怎么开发底层技术"更重要。

当然，如果有心自行研发游戏引擎中的图形渲染引擎模块，就必须具备3D框架、流程的制作观念，以及相关的数学背景知识。此外，负责图像渲染的程序员必须了解一些关于API的底层技术。目前最主要的API接口是Direct和OpenGL，前者在Windows平台上一统江山，后者则可以更广泛地跨平台使用。不过，实际上很多游戏公司，尤其国内的技术力量比较薄弱的游戏公司，通常并不自行开发3D引擎，而是购买现成的游戏引擎开发。

（3）物理

除了《扫雷》（图6-1-11）这类极简单的小品游戏，碰撞检测可以说是绝大多数游戏都必需的基本功能。当代表物体A的图形与代表物体B的图形相接触会发生什么？发生诸如此类情

123

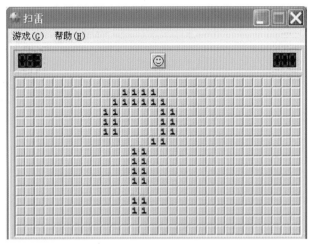

图6-1-11 《扫雷》

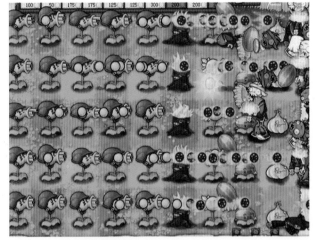

图6-1-12《植物大战僵尸》

况，游戏逻辑是必须反馈给玩家的，碰撞检测往往关系到战斗系统等游戏的其他进程。在网络游戏中，这类重要的运算工作则会转移到服务器进行处理。物理程序员需要专门编写此类代码。

随着游戏开发技术的发展，从碰撞现象演变成更复杂的游戏对象间交互的既定规则处理。这些规则一般来说，符合人类现实生活中的物理世界。这些功能模块也发展为物理引擎。负责物理引擎的程序员需要使用对象属性（动量、扭矩或者弹性）来模拟刚体行为，这不仅可以得到更加真实的结果，对于开发人员来说也比编写行为脚本更容易掌握。好的物理引擎允许有复杂的机械

装置，像球形关节、轮子、气缸或者铰链。有些也支持非刚体的物理属性，如流体等。物理引擎和图像渲染引擎一样，通常是游戏引擎的一个核心部件。但是也有专门的物理引擎可以购买，比较有名的是NVIDIA的PhysX和Intel的Havok，游戏《英雄连》就应用了后者的技术。

通常2D游戏不采用现成的物理引擎，如游戏《植物大战僵尸》（图6-1-12）。因此负责处理碰撞检测的程序员是不可或缺的。从事这份工作，会要求程序员非常熟悉数学几何知识和使用编程语言进行描述。

（4）人工智能

即使采用有限引擎，程序团队仍需要人手进行AI（人工智能Artificial Intelligence的缩写）处理，如高效的路径搜索算法、游戏难度的提高等。提高AI水平是所有游戏研发公司的技术问题。要想让AI发展到人类水平还有很长的路要走，毕竟人脑太智慧了。

（5）网络

在局域网游戏或者网络游戏中，会有多个玩家（Multi-Player）。多人游戏是非常刺激且具有挑战性的，并且人类玩家要比计算机的AI聪明得多。多玩家游戏中，需要程序员解决的问题有很多。

首先，程序员要处理数据同步和延迟的问题。网络游戏本质上是一个分布式系统，这不仅仅针对服务器/客户端而言。为了要容纳更多的玩家同时上线，在大规模的网络游戏中，服务器不可能靠单一机器运作，所以采用多层服务器架构是必然的。在比较复杂的系统中，计算机通过网络进行通信可能会有延迟，影响游戏的可能性，因此如何保持多台PC的时间同步是一个非常大的挑战。

程序员的目标是让游戏更加顺畅，玩家几乎感觉不到计算机之间的通信活动。为了处理网络传输的延迟，在显示器上会利用种种平滑、预测的计算，以求得较顺畅的表现。而我们更常见的做法则是把不重要的数据和运算直接在前台处理，但这种设计可能会导致不公正的结果。因此，如何在流畅性和安全性／公平性之间取得平衡是游戏设计的重点。

其次，网络程序员要考虑到数据丢失等数据可靠性问题。在传输过程中，数据不可避免地会丢失，而且计算机间的通信也可能会间断。多人联机网络游戏目前的瓶颈在网络I/O的部分，因为网络游戏的联机形态和FTP、Web Application等许多其他网络应用服务不同，它的特性是高联机数（动辄成千上万）、高频率和高流量。

游戏开发中的网络编程，一般不用去做底层的TCP/IP，而是直接使用具有Network功能的函数类库即可。当游戏流畅性的需要较高，而安全性的顾虑相对下降时（如动作类、射击类游戏），有时也会应用到UDP协议。许多游戏引擎内建了网络功能，然而，某些工具一旦设计成为"引擎"，它的功能就受到了限制，所以它未必完全符合游戏项目的需要。

网络游戏还可能和其他网络应用服务结合，如与电子商务结合等，因此这部分不能完全依赖特定引擎。像Web Application的技术（ASP、NET、JSP、PHP等的任何一种皆可）在和网络游戏平台做整合时也是需要用到的。网络程序员通常需要了解Web技术来处理会员管理这类对实性、互动性需求较低的事务。

（6）音频、视频

这部分工作非常简单，主要是负责播放音频、视频等多媒体文件。很可能系统程序员已经在实现所有文件的读写工作时就顺带完成了这部分工作。

（7）工具

对于游戏软件开发的方式，有经验的团队通常会分出人手来设计专属的辅助工具，例如，场景地图编辑器、剧本编辑器、角色编辑器、道具编辑器、脚本编辑器等，再根据每个项目的特色，如战斗系统、阶级系统、关卡系统、资源管理系统等，做更细致的修改、扩充、调整。有时，为了弹性和灵活性，游戏的运算规则不会直接写在程序代码内，而是独立出来，以脚本的方式控管。

将游戏开发工具化主要有两个好处：首先是便于编程人员、企划人员、美术人员的分工和整合；其次，这种方式有助于增加游戏的产量。

（8）界面

界面程序员的主要任务是和界面美工师进行交流，响应玩家对界面的一些操作。值得一提的是，很多界面菜单所见的花体字并非来自文字字库，而是美工人员把这些字样作为2D图片进行渲染。

界面程序员常常作为系统程序员的助理，可能还会接管所有关于处理游戏外设操作的相应代码，以减轻系统程序员的工作量。

8. 辅助人员

（1）音频师、作曲家、配音演员

在游戏创作中，更注重画面效果。游戏中"艺术师"这个词常常是指美工师。其实，游戏音乐制作人也是不可缺少的。他们的主要任务是创作游戏背景音乐、合成音效等。

（2）测试员

程序员在游戏模块制作阶段，负责对自己编写的代码进行检查和调试，以保证模块可以正确运行，但是由于软件结构比较复杂，其中任何一个部分的改变都可能会导致游戏整体运行出现问题。因此在游戏制作完毕后，测试员负责测试代码、图片、音乐等各种游戏资源，将游戏问题反馈给开发人员修改代码来改善软件缺陷。

有时候玩家也被厂家邀请作为游戏测试员，主要任务是找出游戏的漏洞和不合理之处。

（3）销售人员

为了开发出最好的游戏，游戏研发部门可能花费了几年时间和高昂的资金。"酒香不怕巷子深"的时代早已成为过去，在竞争激烈的游戏市场上，几乎每天都会有新游戏上市发布，如果要保证产品能够吸引玩家的眼球并让其愿意购买，就必须由销售部门加以宣传和推广。

通常大型游戏公司才会拥有专门的销售部门，小型游戏公司由于人力规模和资金成本的限制，主要依靠与独立发行商合作销售。在游戏公司销售部门中，有一个高层销售管理人员，一般称为销售经理，他拥有游戏市场的决策权，在很大程度上影响着游戏的销售状况。其实在游戏行业内有一个通行做法，如果零售商将游戏放在货架上，因为销量不佳而退回时，就可以从发行商那里得到全部退款，而发行商要独自承担所有的风险损失。因此销售经理需要制订出各种不同的销售方案和销售预算来应对这种可能出现的财政状况。

销售人员在销售经理的领导下工作，主要负责与零售商进行谈判，以获得一份游戏代理协议（或者是进货合同）。由于他们与外界接触交流频繁，为了维护游戏公司的形象，也常被称为销售经理，但这与销售部门主管是完全不同的概念。

在网络游戏中，传统的游戏销售渠道不复存在。销售人员面对玩家人群，主要通过游戏产品宣传和推广来吸引玩家的注意，让尽可能多的玩家为游戏掏腰包，并尽可能延长游戏在市面上的存在时间，这样就可以获得更大的销售额和利润。

除了销售任务外，销售人员还负责游戏相关产品的深度开发，设计制作游戏产品包装及宣传材质，对游戏市场进行调研，统计分析销售数据，征集玩家的反馈意见，维护游戏公司外部形象，开展商务合作与交流等工作。

（4）运营人员

游戏运营实际上是伴随网络游戏而生的新名词。在网络游戏出现以前，单机游戏从开发到销售的商业模式和大多数计算机软件产品在本质上并没有什么不同。简单地说，玩家在购买单机游戏后，就不再与游戏开发商产生任何联系。只有当游戏公司发布升级补丁时，玩家才会享受到游戏公司的售后服务。而网络游戏由于其技术结构决定了只要玩家在线游戏，游戏公司就需要时刻进行服务，于是游戏运营部门应运而生。

网络游戏发展初期，游戏公司只负责制作游戏，游戏运营全部交给游戏代理公司。随着网络游戏产业链结构调整，这种情况有所改变。目前大多数游戏公司都拥有自己的游戏运营部门，它的内部又可分为技术支持、客户服务等子部门。

技术支持部门为游戏运营提供保障，主要负责搭建服务器系统平台、保障服务器硬件正常运行、备份游戏数据、制作游戏补丁及进行游戏的安全更新升级、监控玩家数据及作弊行为、修复重大游戏Bug、客服网站和论坛日常维护等工作。技术支持部门如果有无法解决的技术问题，需要向游戏研发部门反馈并进行改进。

客户服务部门是游戏公司与玩家之间的联系纽带，它负责为消费者解答在游戏中遇到的问题，把玩家意见和投诉反映至相关部门处理，并及时将公司动态及游戏资讯传达给用户，为游戏公司及游戏产品树立良好的形象。游戏客服部门设客户经理一名，客服助理、客服组长、客服人员若干名，游戏客服人员通常是游戏公司中数量最大的工作团队。

游戏客服人员根据是否在游戏中为玩家提供服务，分为离线客服与在线客服两种类型。离线客服主要负责接听电话、处理传真和邮件、接待来访玩家、更新游戏主页、接收玩家的意见反馈、管理论坛信息、测试游戏性能、测试外挂与私服、收集市场数据等。在线客服也称游戏管理员，主要负责维护游戏上线秩序、组织线上活动、处理线上问题、监视服务状况等。

（5）管理人员

管理人员数目因游戏公司的规模而不同。在中小型游戏公司中，管理人员可能只有1～2名，甚至由游戏研发人员兼任，他们不仅要管理各项商业事务，还要参与游戏具体制作。而在大型游戏公司中，管理人员不但人数众多，还具有复杂的人事结构，通常以董事会的形式参与公司日常管理，但他们大多数不直接参与游戏开发。管理人员的职位名称在不同游戏公司可能有所不同，即使是相同的职位名称，其实际职能往往也并不一样。

管理人员按照行政级别可以分为经理（首席执行官）、部门总监（主管）、项目经理（制作人）等。按照工作职能可以分为财务总监、行政总监、市场总监、运营总监、设计总监、艺术总监、技术总监等。

第二节 游戏设计开发流程

一、预生产

预生产是游戏开发过程中的规划阶段，主要任务是游戏设计和文档制作。（图6-2-1）

每个游戏都始于一个优秀创意。游戏策划人员首先要确定游戏主题，之后向游戏公司管理者提交一份设计意向书，其中应包含游戏故事、游戏可玩性、游戏功能、游戏市场分析、开发速度、开发人员和开发预算等，多利用图片展示来描述游戏往往会更加吸引人。通常游戏创意只是一个提案，要在与开发团队及其他成员交流后进行多次修改。

当设计意向书审核通过后，游戏策划团队要对设计意向书进行细化，制作出完整的游戏策划文档（GDD），包括游戏背景、角色、机制、各种名词解释等。游戏策划文档的编写一定要考虑到游戏公司的技术实力，如游戏引擎的功能和特性，否则再好的设计也无法实现。根据游戏类型的复杂程度，游戏策划文档制作大约需要3～6个月。

游戏策划文档完成后要分别交给游戏程序团队和游戏美术团队进行详细设计。

游戏程序团队根据游戏策划文档要求，编写技术规格说明书（ADD），确定游戏中哪些功能

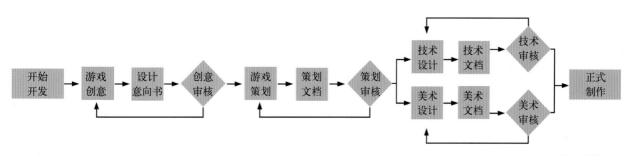

图6-2-1 预生产阶段流程图

可以实现，哪些功能无法实现；是自主研发游戏引擎，还是购买第三方游戏引擎。技术规格说明书可以很好地控制游戏软件质量，降低游戏项目的开发风险，提高游戏后期的维护升级效率。技术规格说明书的制作大约需要几个月的时间。

游戏美术团队根据策划文档要求，编写美术规格说明书（ADD），对游戏设计的美术要求进行分析和说明，其主要内容是确定美术任务分工、美术风格、美术工具及格式等。

以上三份设计文档全部制作完成并通过审核后，游戏设计方案最终定型，预生产阶段结束。为了减小后期游戏设计更改给开发工作带来的负面影响，此时可能需要开发一个游戏原型来进行测试，看"游戏半成品"运行效果是否和游戏策划文档的预期相符。游戏原型需要在游戏正式制作前完成。

二、正式制作

正式制作是游戏研发过程中的生产阶段，也是整个开发流程中周期最长的阶段，主要任务是创作游戏资源和编写游戏代码。

在明确了做什么和如何做之后，游戏开发团队全体员工都将投入满负荷工作的状态中，程序员要创作游戏开发工具、编程实现游戏模块、整合各种游戏资源；美术人员要创作2D图像和3D模型；作曲人员要开发音乐、音效；策划人员要在整个制作阶段继续游戏设计，如创作关卡和对话；测试人员要对游戏进行内部测试以验证游戏的正确性、合理性与趣味性。虽然这个过程非常艰辛，却是一个激动人心的阶段，因为我们可以看着游戏从纸上成形为玩家的游戏。

在规模较大、周期较长的游戏项目开发中，游戏公司为了合理分布开发工作量，减少开发进度延误，通常将生产过程划分为四个阶段，依次为演示（Demo）、内部测试（Alpha）、外部测试（Beta）和发布（Release），每个阶段都有不同的工作目标和任务。

1．演示

这个阶段的任务是制作第一个游戏可运行版本，吸引游戏投资方的资金支持。游戏Demo体现了游戏开发团队的技术实力，具备了游戏的主要功能特性，因此经常被用来作为演示游戏的手段。游戏发行商通过游戏Demo的画面效果和游戏可玩性来判断游戏产品的商业价值，并通过它来估算整个项目的开发费用。此外游戏Demo的开发周期也反映了游戏开发团队的管理能力，有利于合理控制游戏开发进度。如果游戏Demo被游戏开发商认可，游戏产品就进入了真正的开发阶段。

2．内部测试

这个阶段的任务是制作游戏基本框架，进行内部测试。这是游戏核心开发人员最忙碌的时期，一般要持续4~5个月。此时游戏底层开发工作需要全部完成，以免在后续开发过程中出现重大技术问题以致延期或项目失败。在这个阶段，美术、程序和策划人员需要共同努力完成游戏基础工作。游戏艺术团队要创作出一些基本的美术和声音资源供游戏引擎使用；游戏策划团队需要配合程序和美术人员，提供详细的游戏设定；游戏程序团队要制作游戏编辑器，为其他后续人员开发提供高效率的工具。当这些主要技术工作都完成后，就形成了游戏最初版本，它具备了游戏关键功能和特性，可以在游戏公司内部进行小范围测试。游戏Alpha版稳定性较差，游戏开发团队要查找、修复游戏中的重大错误（Bug），添加、改进和删除某些游戏功能。

3. 外部测试

这个阶段的任务是制作游戏内容，进行外部测试。这是游戏公司中各个游戏开发岗位最忙碌的时期，一般也要持续4～5个月。如果加上游戏内容制作，开发周期甚至要超过1年。此时游戏质保人员和测试人员通过对比设计方案，对Alpha版中可能存在的缺陷进行测试并反馈给开发人员。他们除了要对游戏难以实现的各种功能进行测试，还要检查影响游戏平衡性的不合理设定。与此同时，游戏公司往往会集中招募大量游戏美术师、关卡设计师、逻辑程序员和音效设计师等人员加入游戏开发团队，用以投入游戏内容批量制作。虽然游戏核心开发人员不参与这些制作任务，但要对最初的游戏设计方案随时进行调整，并负责对测试中发现的问题进行修正（图6-2-2）。

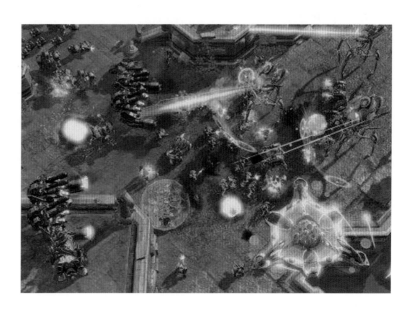

图6-2-2 《星际争霸》Alpha版与Beta版画面对比

129

在Beta版制作过程中，游戏开发人员会忽略很多无法发现的细节问题。因此很多游戏公司采用外部测试的形式，让游戏目标客户参与产品测试，以游戏玩家的角度对游戏美术风格、操作界面、参数设定等问题提出建议。在网络游戏大规模公开测试中，为了便于游戏运营商管理游戏，以及对游戏产品自身的问题进行统计，游戏公司还会要求开发一些配套的管理工具，包括最高在线人数统计工具、游戏在线管理工具等。

在完成外部测试后，游戏产品就已经基本定型，这就意味着游戏离最终发行不远了。

4. 发布

这个阶段的任务是进一步完善游戏细节，为正式发布游戏做好准备。在游戏最终发布之前，游戏中所有的错误都要被及时修正，用户文档、版本号、安装程序、补丁等都要制作完成，还要经过比Beta版更加严格的功能测试、用户测试和平衡性测试。当这些工作全部完成后，一个功能完整、没有已知缺陷、达到交付标准的Release版就形成了，剩下的工作就是将游戏压盘发行。游戏发布是游戏生产的最后一个环节，所有的游戏开发人员都要为了游戏在预定开发周期内完成工作任务而连续加班，同时这也是游戏开发团队最为欣喜的时刻。

三、后期处理

游戏后期处理与电影行业有着明显不同，它是游戏生产周期中历时最短的阶段。游戏开发商的主要任务是游戏维护和升级，由于游戏软件的复杂性和游戏平台的多样性，很难保证出售给玩家的每份游戏拷贝都能够按照预期设计完美运行（即使游戏发行前经过了严格测试），因此游戏开发团队应及时发布游戏补丁，解决游戏上市后发现的缺陷，调整游戏平衡性。在游戏发售后，游戏开发团队为了刺激游戏销量增长，还会推出下载包，对游戏内容进行扩展，如增加新地图、新道具、新游戏模式等，使得游戏软件的生命力更加持久。有些游戏公司还会提供地图编辑器、关卡设计器等工具使资深玩家自行二次开发。此时游戏公司也会根据市场销售情况，考虑下一代游戏产品开发技术。

这个阶段对于游戏发行商可能是最忙碌的，他们要批量复制光盘、设计产品包装等。由于游戏的最大销量通常发生在游戏发行后的最初90天，他们还要为游戏上市做大量宣传和推广工作。网络游戏运营商，还要为游戏上线招募大量客服人员和游戏管理员。

第三节 游戏开发的未来与展望

在科技日新月异、一日千里的今天，游戏产业已经步入了群雄逐鹿的时代。游戏中融入了电影、音乐、文学等艺术形态，创造出一个新的繁荣世界。不过，值得我们思考的问题是：游戏将面临什么样的未来？在游戏玩家的推进中，它又将呈现出哪些色彩的梦幻世界呢？

一、游戏类型的突破

游戏产业界的界限日渐模糊，玩家会为了电子游戏的优劣性争得你死我活。例如：玩家还在讨论究竟是"实时战略"游戏较好，还是"第一人称射击"游戏好？究竟哪一个最具代表性、能引领潮流的发展方向？这种议题在网络上经常被讨论得不亦乐乎。事实上这属于游戏产业尚未步入成熟阶段的正常现象。

从当初最为牵动游戏产业神经的任天堂Wii与微软ＸＢＯＸ　360计划来看，未来的游戏平台将打破ＰＣ与ＴＶ的界限，进而成为另一种集游戏功能播放器、网络浏览与互动电视于一体的多媒体平台。

近几年，ＰＣ游戏与ＴＶ游戏的相互移植越来越频繁，从玩家良好的反映与可抑制作品的销售量来看，两者之间的技术基础已经越来越成熟了，所以游戏产业的界限也慢慢地消失于无形之中。虽然它们在兼容性等方面还有待进一步商榷，但是ＰＣ游戏与ＴＶ游戏实现统一是迟早的事。这方面典型的是Blizzard公司推出的《魔兽争霸3》（图6-3-1）游戏，它完全突破了RTS类游戏的传统理念，并引入大量的RPG要素，例如，以拥有特殊能力的英雄来指挥队伍作战，取代了原有的建筑物补给概念。实际上，游戏类型领域的突破好像万花筒一样，彼此间相互组合变幻万千，这也让玩家感受到另外一种色彩缤纷的虚拟世界。

图6-3-1　《魔兽争霸3》

二、游戏网络化

1997年，美国艺电（EA）公司设计发行了《网络创世纪》（Ultima Online）联网游戏。新鲜之余，玩家仍然对网络RPG的游戏理念感到陌生。而现在网络游戏的脚印已踏在游戏产业的每一寸土地上，这不仅开辟了另一个热门游戏的讨论话题，而且就连几家著名的游戏软件厂商也开始陆续跟进。网络化是游戏技术发展的趋势，就连XBOX 360与PS3等游戏平台也都在争夺网络游戏的这块"肥肉"，所以PC上的游戏就更没有理由错失网络化的机遇。

暂且不谈网络RPG如日中天的力量，从其他类型的游戏网络来看，几家著名的游戏厂商都开始大张旗鼓地进行了。网络游戏是玩家的福音，也是游戏厂商获得利润的源泉。其实，计算机游戏就是人与机器之间的互动，而游戏网络化就是在以因特网为媒介的基础上构成的人与人之间的互动。

游戏朝着网络化的方向发展，其实也是朝着人与人之间互动的方向迈进，所以在不久的将来，传统游戏依赖几十年的游戏要素（如人物对话剧本和NPC等）就不会再成为构成游戏的必要条件了。在一个完全交互的网络游戏中，玩家可以扮演任何类型的角色，体验任何角色的生活状态，这就是网络游戏所要达到的效果，游戏制造者只要提供剧情的大环境、世界观与时代背景等广义条件，玩家就可以任意驰骋在这一片天地之间。

三、多重感官刺激

现今的游戏玩家已经不再满足于使用键盘与鼠标的操作模式了，他们追求的是视觉与听觉的感受是否能更上一层楼，越来越多的游戏正朝着高感官领域迈进。例如，触觉感受、运动感受，

甚至味觉感受与嗅觉感受等，这些都是将来游戏要努力的方向。例如，玩家们熟悉的力回馈手柄、方向盘和街机游戏，如在跳舞机游戏中，玩家只要在主机的踏板上踩出一系列的节奏，游戏中的虚拟人物就会依照玩家肯定会面对更先进的VR设备，例如数字神经系统，它可以将我们带进虚拟的游戏世界中，而玩家也能够在游戏中扮演主角，此时再来玩"恶灵古堡"之类的游戏一定会被吓破胆。

四、游戏的虚拟现实

在现在的游戏中，玩家都想在游戏中追求真实性，因此游戏的虚拟现实就成为游戏制造者想要达到的目标，也是玩家们所期待的，更是游戏产业继续向前迈进的原动力。如果说过去的对真实性的评判标准是来自于游戏中3D模型网络数目的多少、画面色调的丰富与否、阴影的变化是否真实、纹理贴图是否细腻等因素，那么未来游戏就在于构建其真实的内涵上。

仅仅就一个角色的面部而言，能够像TECMO公司推出的《生死格斗3》（Dead Or Alive3）游戏那样，用3D伸缩技术呈现真实的面部表情（Facial Animation），这在过去是无法现实的，所以真实性就是我们所要努力的目标。

在E3电玩展中获得"最有希望游戏"大奖的作品《星河骑兵》（Halo）中，我们可以看到以"虚拟现实（VR）"为终极目标的多种技术的完美结合，如倒转运动原理、多路纹理绘图、多面体比例缩放、等积光影、像素反射以及重力、风力、风向等现实因素的模拟。我们相信，在未来的游戏世界里，VR依然是一种努力目标，是接近现实的梦想。

第四节 游戏策划实战演练

一份好的游戏策划书是制作一个成功游戏的第一步。游戏策划书不只是写给老板看的，同时也是游戏开发掌舵者的导引图鉴，策划人员可以在游戏总监的指导下来撰写，在撰写前要考虑的内容包括游戏内容、开发进度、美术质量、系统稳定度、市场感受等。团队其他成员通过策划书来了解游戏的开发内容与目标，策划书的内容涵盖游戏概念、功能、画面的面熟、市场分析与成本预算等。特别是成本预算这一块，一定要考虑周全。一般来说，软件开发成本最高的就是人工费，游戏开发也不例外。制作游戏的成本一般包括下列几种。

（1）软件成本：游戏引擎、开发工具、材质与特殊音效数据，有时候某些开发工具可以选择租赁的方式来节约成本。

（2）硬件成本：计算机设备、相关外围设备，以及一些特殊的3D科技产品。

（3）人员成本：这部分最耗费成本，随开发周期的延后，成本会大幅增加。人员成本包括策划团队、程序团队、美术团队、测试团队、音效团队、营销广告等人员的薪资，以及外包工作的薪资给付。事实上，一般的音效制作多采用外包的方式，目前许多游戏的美工设计部分也采用外包的方式。

（4）营销成本：游戏广告（电视、杂志）、游戏宣传活动、相关赠品制作。

（5）其他成本：办公用品、差旅费、杂志或其他技术参考数据的购买。

本节就来介绍如何准备一份游戏项目的策划方案。项目背景假设某一专业游戏设计公司要开发一套新款在线游戏，需要提出一份完整策划案。在撰写之前，我们要先了解一下当今在线游戏的市场状态。

策划团队将目前在线游戏联机机制划分为两大类：一是局域网游戏（Network Game），这种联机的游戏机制是由某一玩家先在服务器上建立一个游戏空间，其他的玩家再加入该服务器参与游戏，目前此类游戏产品以欧美游戏软件居多，如在网吧一直火爆的在线游戏《反恐精英》及《帝国时代Ⅱ》系列（图6-4-1）；二是网络游戏（Online Game），网络游戏目前在亚洲地区极为流行，它主要强调虚拟世界的构建及社群管理，目前较为流行的代表作有《天堂》（图6-4-2）及《魔兽争霸Online》。

图6-4-1 《帝国时代Ⅱ》

图6-4-2 《天堂》

133

一、开发背景

在RPG充斥于在线游戏市场的情况下，在线游戏仍有开发空间，但由于社群所造成的市场垄断，除了排在前三名的游戏外，其他新游戏几乎全军覆没。鉴于此，本游戏将以类似《帝国时代》的实时SLG形式的在线游戏，并融合《轰炸超人》等动作型游戏的优点，营造出一个容易上手同时又可享受领军厮杀快感的"可爱"世界。

本游戏的特点是：紧张刺激的战斗模式，以便在男性玩家市场取得一席之地；除此之外，游戏又以可爱爆笑等特色来吸引女性玩家及小朋友的目光。若配合举办定期及不定期的比赛，将对此市场的拓展有所帮助。

二、游戏机制

玩家在游戏开始时仅拥有一座农舍和一小笔钱，最终目标是成为一个牧场经营者。在游戏进行过程中，玩家必须在有限的经费下，先将牧场所需的土地用围栏围起来。接下来得种植牧草、开辟牧场进行牛、羊的养殖，以赚取扩大牧场的经费。而在经营过程中，其他玩家也在扩张他们的牧场，所以为了争夺有限的资源及防止其他玩家成为最大的牧场主，玩家必须对对手采取一些破坏手段，如购买割草机破坏对手的牧场、雇佣猎人猎杀对手的牛羊、设置陷阱等。

另一方面，为了阻止对手进行破坏，玩家也要做出相应的防御措施，例如：制作稻草人进行定点防御、养狗进行牧场外围陷阱的解除等。除此之外，游戏中还会不定期地出现怪物来破坏牧场或天灾降临牧场。经过一阵"爆笑"打杀后，在设置的时间结束时，再来清点牧场的定额"财产"，作为玩家的最终成绩。

三、游戏架构简介

游戏内容将采用Network Game的联机机制及2D斜视角的场景系统，构建一个接近疯狂的虚拟世界。在这种架构下对武器进行切割，以八个玩家为一个单位，开辟一个游戏室。可由第一个进入游戏室的玩家设置游戏条件，包括游戏时间（20分钟、30分钟、40分钟等）、决胜条件（积分制、资产制、牛羊总数及最高游戏单位数等）。

游戏开始时玩家必须先选择自己要扮演的角色，也就是在游戏中出现的牧场主。然后在服务器列表中选择自己喜欢的游戏室，进入游戏准备阶段，这时玩家可以选择是否与其他人同盟以团体作战的方式进行厮杀。

当该游戏室中玩家人数达到八人或等待时间结束时，游戏即宣告开始。玩家此时必须根据决胜添加，或与其他玩家建立同盟，或者孤军奋战，其目的都是设法扩大自己的牧场版图、增加收入，并尽快组建战斗单位以进行防御或攻击。但需要注意的是，在游戏时间结束前，玩家必须根据决胜条件调整自己的生产状况，否则就算将其他玩家打到仅剩一兵一卒，也不一定是赢家。

四、游戏特色

为了达到在短时间内取胜的目的，游戏采用了较简单且快速的生产机制，强调速度感及刺激感，让玩家一面从事生产，一面忙于对付来自计算机或其他玩家的袭击。另外，游戏中所有的对象将以Q版的方式进行设计，动作也将朝着好玩、爆笑的方向进行设置，所以玩家在忙于经营自己的牧场之余，也会禁不住莞尔一笑。

游戏提供了ICQ的功能，玩家在进入联机游戏后，可根据设置条件进行特定玩家的搜索，还可以通知已经上线的其他玩家并与之对话。如此一来，玩家只要记住朋友或"仇家"的账号，只要他（她）在线，就可轻易地"召唤"他（她）相约一同作战或一决高下。另外，在玩家所进游戏室满额（即已有八个玩家进入）或已经开战的情况下，可与同在游戏室中的其他玩家聊天，认识一些来自四面八方的对手或朋友。其游戏特色简要介绍如下。

（1）本游戏将现有实时战略类游戏（SLG）的繁杂体系加以简化，缩短各单场战斗的时间，并将血腥暴力的战斗场面改用逗趣的方式呈现，进而将游戏的重点锁定在游戏流程的紧凑性与趣味性上，使之有别于现在流行的RPG的复杂游戏架构及无趣而血腥的战斗方式。

（2）本游戏将提供单机版的游戏方式，让玩家在新手阶段可以自行与计算机AI对垒，避免一上线就被对方轻易PK掉了。

（3）本游戏提供ICQ的功能，除了能让玩家于"茫茫人海"中寻找朋友或"仇家"对垒游戏外，还可以在不想玩游戏时，转换成一般的ICQ使用。

（4）额外提供聊天室的功能，申请通过后，玩家在疲劳之余，可轻松地认识志同道合的朋友。

（5）开放玩家申请组队功能，申请通过后发给正式的团队账号，团队还可以拥有专属的队徽，队徽可在游戏过程中出现在该队员的屋顶上。已认领队伍成员可享受优惠，并可直接在线向GM申请特定时段的游戏室使用权，以方便进行队伍间的友谊赛。玩家还可以通过GM的安排，针对申请比赛的队伍进行配置，并通知已认领队伍进行团体友谊赛。

五、游戏的延续性

在游戏的设计阶段，以模块方式对程序及数据进行设计，有助于游戏在将来更好地扩展。

（1）定期推出地图数据供玩家下载使用，面对不同的地形条件让玩家永远都有新鲜感。

（2）开放简单的地图编辑器，让玩家参与地图的设计。并定期举办地图设计比赛，从参赛作品中选出有创意的作品，收录到地图数据中，让玩家可以体验自己设计的地图，增加玩家对游戏的参与度。

（3）推出几次地图数据后，做一次试收费的"主题数据"，玩家可改变本游戏内的角色，例如，安装"巴冷公主主题数据"后，玩家可以修建出更具民族风情的建筑，玩家角色也可以变成巴冷公主或阿达里欧。

六、市场规模分析

1995年以前中国的网络游戏尚处于萌芽时期，这一时期的单机版游戏在国内已经形成一定的规模，并向联机版本游戏过度，像《石器时代》和《万王之王》这样的网络游戏屈指可数，并由于网络技术的原因，玩家数量一直过低。网络游戏玩家只占PC游戏或TV游戏玩家数量的0.02%。2001年起，中国网络游戏正式进入高速成长期，如《传奇》《奇迹》《魔兽世界》《大话西游》这样的经典网游层出不穷，业内统计2001年至2010年这十年中平均每五天就有一款新的网络游戏发布。网络游戏也逐渐占据了游戏市场的龙头地位。在国内，网络游戏玩家占所有游戏玩家数量的45%，已达到过亿的人数。网络游戏在这一时期已经呈现出相当大的盈利潜力和广阔的发展空间。

2010年之后，中国游戏产业开始从引进代理向自主创新转折过渡。不需要玩家安装客户端和升级补丁的网页游戏大行其道，这就使更多的玩家加入到网络游戏的行列中来。但这类网页游戏大多是早年经典游戏的移植版，依靠玩家对早年游戏的怀念来抢占市场。例如《全民奇迹》《生死狙击》《传奇经典》等游戏，就是在原有游戏平台的基础上植入新的道具模块和奖励系统，从某种意义上来说更像是经典游戏的"私服"。而这类游戏占到所有网络游戏的73%。国内的网络游戏市场陷入微饱和的境地。

但从2008年开始，以手机为客户端的游戏开始进入市场。国内外众多开发团队蜂拥而至，2014年，中国手机游戏用户规模达4.62亿人，环比增长3.1%。由于首次购买智能手机的用户数量不断下降，手游用户增速也环比下降。经历了2013年的高速发展后，中国手机游戏市场的用户规模已初步形成。对手游开发商而言，未来用户的获取方式将从海量导入方式过渡为精准营销阶段。

专家统计，2014年中国整体游戏市场规模增长了27%，这主要得益于移动游戏的强劲表现(同比增长77%)。而在今年，中国移动游戏市场规模将达到人民币230亿元，占整体游戏市场21%的份额，或ＰＣ游戏市场29%的份额。从最近几年的发展趋势看，中国的互联网游戏处于高速发展期，用户群在不断扩大，这也正是开发互联网、在线游戏的黄金时期。

七、投资报酬预估

目前市面上的游戏获利模式主要采用"游戏免费、联机计费"的方式，而联机计费方式又分为月费制和记点制两种（后者平均获利较高）。

我们采用月费制为主要（预估）获利模式，假如市场平均收费为每月100元，并且设置"会员人数与同时上线人数"比为20：1（以《天堂》及《金庸群侠传Oline》为参考标准），也就是按我们下面的估算结果，第一年将有约15000人"同时上线"，这样的话至少要安装10台服务器，若假设采用IBM eserverX系列高性能服务器（每台约10万元），预计将支出100万元。若以此为获利预估基准，采取保守方式进行预测（会员吸收状况仅以《天堂》及《金庸群侠传Oline》同时期的三分之一估算），获利情况将呈现以下走势。

1. 第一阶段（第1个月～第3个月）

此阶段属于宣传期，造势活动于此时达到高峰，除需投入宣传广告经费（含平面、立体广告、产品发表会、造势记者会及聘用产品代言人等）外，另需提供试玩版光盘（约1万片）及其他在线游戏玩家（以公会、联盟为优先对象），最终基本支出费用约为800万至1000万（若本公司美术部门兼具优秀的静态平面及动态视觉广告设计能力，广告可由本公司承包，这可以节省一笔可观的支出，当然广告工作需要另立项目进行规划）。在此期间无大规模获利的可能，呈现负增长状态，为游戏的业务拓荒期。

2. 第二阶段（第4个月～第6个月）

若第一阶段切入时机合适，造势手段得当，客源竞争顺利及社群管理模式得到认同，第二阶段可望进入游戏的业务拓展期。保守估计会员人数将于第6个月达到10万人，当月营业收入将有100（元）×10（万人）=1000（万元），扣除宣传广告费（此时将可大幅缩小此项目支出）、上架费、相关硬件维护及游戏管理的人事费用等支出，预计此阶段将接近"当季损益平衡"状态。

3. 第三阶段（第7个月~第9个月）

若前两个阶段操作顺利，此阶段将进入游戏的业务成长期。保守估计第9个月会员人数将达到30万的营运目标，当月营收则有：

100（元）×30（万人）=3000（万元）

若以合理估算方式设置，第7、8月的当月营收总额将至少达到3000万元，扣除宣传广告费、上架费、相关硬件维护及游戏管理的人事费用等支出后，当季将至少有一半净利，也就是获利将超过1500万元净值。此时考虑整体损益状况，研发经费、第一阶段支出费用及部分硬件设施（含服务器及线路）架设成本将可回收。

4. 第四阶段（第10个月~第12个月）

若前三个阶段运转均按计划进行，此阶段将成为游戏的业务稳定期。可望于第12个月突破会员人数60万的营运目标，当月营收将有：

100（元）×60（万人）=6000（万元）

以合理估算方式推断，第12个月时当月净利超过5000万元，意指营业收入总额中将有六分之五的净利值。换句话说，当月净利总额远超过硬件设施架设成本，以整体损益状况而言，此时可将所有成本回收，年度获利状况将因此呈现正增长。

5. 第五阶段（第13个月~游戏生命周期终结）

此阶段将进入游戏的业务高获利期，各月的净利均可超过当月营业收入的六分之五，也就是超过5000万。

八、策划总结

分析过现有的游戏市场后，我们发现新的RPG市场由于游戏类型与机制雷同，已趋向"强者恒强、弱者恒弱"的态势，即便是新的游戏进行客源竞争，仍不敌排行前两名的《天堂》和《魔兽世界》。

现在切入在线游戏市场，若仍一直跟着别人的脚步走，将永远无法超越，甚至是尸骨无存。游戏在开发市场的同时，必须具备新的思维与行动模式，预测接下来的市场发展走向，如此才能为自己创造出一片空间。所以我们有理由相信，只有注重研发游戏的新形式与新概念，才能在游戏市场中拼出一片天地，发现另一个在线游戏市场的春天。

思考与练习

1. 游戏在生产阶段应产生哪些书面内容？
2. 简述游戏正式制作阶段的主要流程。
3. 游戏开发团队在后期处理阶段的主要工作有哪些？

第七章

经典游戏设计赏析

第一节 优秀游戏作品的评判标准

法国著名雕塑家罗丹说："生活中从不缺少美，而是缺少发现美的眼睛。"作为游戏专业人员，在学习游戏设计时，一定要学会培养正确的审美观，我们应该向真正的优秀作品学习，而不只是关注流行的人气作品。本章挑选了两款具有代表性的游戏和读者一起探讨，并向读者介绍一些游戏的概念，以便于以后的学习与应用。

"什么样的游戏是优秀的游戏？"这似乎是一个简单的问题，可是答案却很复杂。很多人称电子游戏是第九艺术，虽然把游戏提升到艺术高度，但游戏始终是一种消遣方式，如同其他娱乐项目，游戏永远也不能脱离其主体，即玩家而独立存在。因此获得玩家的认可，获得一定的市场占有率（不含盗版）或者达到一定的销售量才能算得上是一款优秀的游戏。但是仅仅用市场占有率或销售量来评判游戏的好坏显然是不够科学的，就像名车宾利的销量不大，绝不是因为它不优秀，而是价格定位的原因。

评判游戏作品的好坏需要考虑到游戏开发圈的业界影响力。就像评选优秀电影一样，游戏界也存在"圈内专家叫不叫好""圈外观众（玩家）叫不叫座"的问题。虽然众口难调，专家与玩家的主观感受和立场不同，不过业界的奖项评定打分和玩家的评判标准大致都会考虑以下几个方面。

首先是游戏外在的表现手段，主要有：画面、音乐、音效等。对于绝大多数游戏，画面是最重要的方面，因为精彩的游戏画面总会让人跃跃欲试，而且画面效果也是反映开发公司实力的一个重要因素。在本章的后面两节将要讨论两件作品，前一款是夸张艺术风格的2D卡通画面，后一款是写实逼真的3D画面，它们的风格鲜明，与其需要表现的主题搭配恰当，前者是轻松愉快的休闲类游戏，后者是主题严肃的战争策略。至于音乐和音效等方面，目前各游戏公司的实力差距体现不明显。

其次是游戏互动性，它包括两个环节：玩家对操作设定的认同感以及游戏世界给玩家的反馈。如果某款FPS游戏，玩家按了发射按键，10秒之后导弹还未点火，那将是令人沮丧的；或者某回合制策略游戏提供了过于复杂的选择菜单，这也会让很多玩家无从下手。幸运的是，当前计算机硬件性能有了长足发展，并且电子游戏历史涌现出大量经典的游戏操作设定可供借鉴，所以市面上绝大多数游戏的操作设定上不再存在明显的弱点。如果在游戏操作设定中引入触摸屏、触摸杆、力反馈方向盘等外设上的创新，那么在一定程度上还能增进玩家对游戏的好感。互动性的另外一个环节即玩家所感受到来自游戏世界的反馈，它是能否良好体现游戏互动性的关键要点。本章所选的案例如《英雄连》就做得非常出色。关于这款游戏的具体赏析，在本章第三节详细介绍。如果是网游的评判，还要考虑添加人与人的社会互动环节。

第三方面是游戏规则，在有的书籍中也称游戏机制，因为游戏规则约束着游戏里的一切。如果玩家发现某二战题材的FPS游戏画面效果逼真，那么他会很愿意尝试；如果发现自己中弹时屏幕会给出一阵红光的反馈并且自己的行动也会变得迟缓，他会更加投入这个虚拟的游戏世界中。但如果画面中出现了这几种情况：玩家角色可以自由穿山下海、可以用手枪击爆坦克……那么他还会觉得这是一款好的游戏作品吗？也许一款科幻游戏能让人理解，而作为二战背景游戏是不可能被玩家认可的。所以一款好的游戏必须建立在严谨的规则之上。任何不严谨的游戏规则和漏洞都会降低玩家对游戏的认可和热情，由此可见游戏规则的重要性。

以上三个方面，适用于任何游戏。但要注意游戏所构建的虚拟的环境并不一定是虚拟人类现实生活的环境。如孩子就更喜欢《玩具总动员3D》那样的卡通环境。

第四方面是游戏的剧情和主题。不过不同于以上三个方面的是能否适应全体游戏，它对于评判RPG、AVG这类游戏至关重要。对于这类型的游戏，剧情就像是游戏的灵魂，不仅用来交代游戏的虚拟环境，还要推动游戏的进行。好的剧情会加强玩家的游戏代入感，增加游戏的内涵，如同一部精彩的小说。所以剧情的好坏，有时候在一定程度上左右着玩家对游戏的整体印象。但是对于ACT游戏、SPT游戏，拥有好的剧情和主题仅仅是锦上添花。本章第二节的《植物大战僵尸》是一款休闲益智的游戏，去掉中规中矩的保卫家园的剧情，也不妨碍玩家体会幽默的情景；第三节介绍的《英雄连》是一款二战策略游戏，虽然游戏提供了剧情闯关模式，剧情也确实感人，但是其最出色的卖点还是在于优秀的游戏规则设定。限于篇幅，此处不过多讨论游戏剧情创作的知识，希望读者更多关注游戏的整体设计、艺术设计创作、游戏规则设计、游戏开发技术等方面。需要特别指出的是，具有历史背景和文化氛围的游戏本身就具有深远的意义，战争与文明是电子游戏创作永恒的主题。

鉴于以上几方面，我们在众多优秀游戏中挑选了《植物大战僵尸》和《英雄连》两款游戏和读者共同赏析。在《植物大战僵尸》中我们主要讨论它在商业上获得的成功及玩家体验，而在《英雄连》中我们主要讨论它给游戏创作者们带来了哪些启示。

第二节 《植物大战僵尸》（益智游戏）

《植物大战僵尸》（Plants vs.Zombies）是PopCap Games公司在2009年5月发售的一款益智策略游戏。它不但有支持Windows操作系统的PC版，还有支持Mac OS X及iPhone OS系统的版本。玩家需要种植多种不同功能的植物来快速有效地把僵尸阻挡在入侵花园的道路上。不同的敌人、不同的环境，构成了丰富多彩的游戏模式，加之夕阳、浓雾以及游泳池之类的障碍，更增加了游戏的挑战性。

这一游戏被翻译为中文、日文等多国文字，风靡全世界，深受办公室白领一族的喜爱。很多被采访的办公室白领表示："由于工作繁忙，没有太多时间去玩《魔兽世界》这类大型网游。这款游戏体积小，只需U盘就能装下，带到办公室不惹人注目。""游戏非常耐玩，需要开动脑筋。""别看是款小游戏，里面的智慧却非常大，你要像个将军一样排兵布阵，才能抵御僵尸的进攻。""工作一天，玩几个关卡像进行了一场头脑风暴，很有益处。"

很多爱上《植物大战僵尸》的学生玩家则说："现在的大型网游都是无尽的砍怪升级，让我们陷入了重复简单的机械操作中去""网游的世界就是个名利场，有时候会感觉不是人在玩游戏，而是游戏在玩人，花钱买虚拟装备简直是个无底洞。""这游戏让我回到了小时候玩街机的那种单纯的快乐。"

据统计，仅仅iPhone平台的便携版，在首发9天内就获得了超过100万美金的收益。该游戏单价9.99美元，这意味着被下载了10万多次，每天平均被付费下载9000次，其销售量让很多号称投资上亿元的3D游戏商大为汗颜。其实PopCap Games公司的业绩并非偶然，前几年风靡一时的《宝石迷阵》《祖玛》也是该公司休闲益智游戏的代表作。

《植物大战僵尸》的成功表明，即使让玩家利用零散时间玩轻松简单的小品级游戏也能取得惊人的商业成绩。

总之，《植物大战僵尸》是一款既叫好又卖座的游戏。其成功之处值得游戏开发商、游戏设计者和读者去研究和学习。

2D游戏从来就不乏经典之作。无论FC的《超级马里奥》，还是《植物大战僵尸》，在开发技术上都谈不上"高精尖"，它们之所以成为经典主要在于精湛的创意。

《植物大战僵尸》虽然是一款休闲益智类型的游戏，但它所包含的内容却极其丰富。游戏菜单列出了七条游戏选项：一是"剧情关卡"，二是"小品游戏集锦"，三是"解密"，四是"生存"，五是"建设静谧花园"，六是"图鉴资料欣赏"，七是"商店"。下面就和读者分享一下其中的精彩创意。

游戏的主线是多达50个冒险剧情关卡，从白天到夜晚，从房顶到游泳池，多种不同的场景表现出了美国家庭的别墅生活。（图7-2-1、图7-2-2）50种功能强大，互不相同的植物，可供玩家排兵布阵。这些植物角色的设计既体现出制作人丰富的想象力，也体现出了制作人丰富的生活经验。比如，把向日葵塑造为提供太阳能的经济作物，把玉米大棒塑造成最具威力的终极武器。（图7-2-3）26种不同的僵尸敌人，包括橄榄球运动员、开车子的驾驶员、乘坐气球从天而降的僵尸等。（图7-2-4）如何对抗这些特色各异的敌人也使得游戏更具有挑战性，如用磁铁可以吸走橄榄球运动员的头盔，仙人掌刺可以刺破气球等。

图7-2-1 《植物大战僵尸》游戏中泳池场景设计

图7-2-2 《植物大战僵尸》游戏中夜晚场景设计

图7-2-3 《植物大战僵尸》游戏中植物设计

图7-2-4 《植物大战僵尸》游戏中僵尸角色设计

"小品游戏集锦"由很多益智解谜游戏组成，如打地鼠、老虎机等。"解谜模式"和"生存模式"是这些关卡的回味体验。

再来看看似乎比较简单的后三个选项。"图鉴欣赏模式"是把游戏中可供种植的植物和僵尸敌人做一个总结。这个模式的出现并非首创，在1987年的2D游戏《伊苏》中就提供了道具收集图鉴。本游戏的图鉴加深了游戏的幽默氛围，如把一代舞王杰克逊设计成舞王僵尸等（图7-2-5）。"商店"更是许多RPG出售装备道具必备的设定。游戏中的店主"疯狂的戴夫"是玩家的邻居，他可以给玩家一些参考意见，推动故事情节。很多玩家还专门整理了"戴夫语录"当笑话看。"静谧花园"是完全创新的设计，在激烈的通关之余，玩家可以养养花草，进而放松心情，修身养性。种植植物也能让玩家有所收获，如得到一些金币。

细节决定成败。对于一款好游戏，细节的刻画很能反映创作者的诚意。玩家也正是在细节中得到了很多玩游戏的诀窍，如在禅境花园给智慧树浇水、施肥等。

图7-2-5 《植物大战僵尸》游戏中舞王杰克逊僵尸角色设计

第三节 《英雄连》（即时策略游戏）

《英雄连》于2006年推出，之后就荣获IGN E3 2006最佳策略奖（亚军是《中世纪Ⅱ：全面战争》），并被业内认为是游戏史上最出色的即时战略游戏。《英雄连》获得了37个游戏大奖，其中包括6个"年度最佳PC游戏"奖项和12个"年度最佳策略游戏"奖项，也是全球首款为支持Windows Vista操作系统而开发的3D游戏。2009年4月发布的第二部资料片《英雄连：勇气传说》辉煌继续，荣登十几家专业媒体评出的"十佳游戏"榜单。

《英雄连》（图7-3-1）是以第二次世界大战为题材的即时策略游戏。在剧情模式中，玩家从1944年的诺曼底登陆开始，扮演率领一支作战连队的指挥官，参加诸多以真实战役为原型的战斗任务，与敌军展开激战。

Rtainment对于玩家来说并不陌生，因为该公司就是凭借《家园》《战锤40K》等大受好评的策略游戏而声名鹊起的。在即时策略游戏（即RTS游戏）开发圈内，暴雪公司的《星际争霸》《魔兽3》都曾被认为是难以逾越的高峰，很多经典设定被其他RTS游戏借鉴，可谓影响深远。但是勇于进取的Relic公司简化RTS旧有的"资源采集"等模式，采取更优秀的AI设定和交互的物理环境系统，这也是未来即时策略游戏的发展趋势。在《英雄连》中，Relic将这种思想付诸实践，诠释了"次世代即时战略"游戏。

图7-3-1 《英雄连》——以第二次世界大战为题材的即时策略游戏

144

游戏的开发技术其实也是一种实现手段，高精尖的开发技术可以更好地贯彻策划团队的设计意图。所以各大游戏厂商都在游戏开发技术上投入了大量的人力、物力、财力，投资通常高达数百万甚至上亿美元。

　　《英雄连》塑造出栩栩如生的二战场面（图7-3-2），从开发技术层面说主要归功于Relic公司在Havok3.0物理引擎的基础上更上一层楼。读者可以在本书第四章找到关于游戏引擎的知识，在这里读者可以把它理解为包含很多功能系统的游戏主程序，其中Havok物理引擎部分主要负责为游戏提供有真实交互感的物理环境。比如，一发炮弹击中装甲，结果可能是被装甲弹开，也可能造成装甲穿透。

　　如此一来，在《英雄连》的世界中，房子可以起火，石砌的街道会变为焦土，炮弹从天降落会卷起尘土、弹片、残骸，这一切会让玩家感觉像是在看电影，玩家可以360度欣赏所有战斗单位和周围布景的形象，所以游戏画面的表现力绝对让人眼前一亮。远观视角可为玩家的即时操控提供宏观参考；拉动近景，甚至可以看到枪械上的斑斑锈迹和树林里的斑驳光影，绝不输于FPS游戏对3D模型细节的刻画。

图7-3-2　《英雄连》游戏中栩栩如生的二战场景设计

Essence引擎的3D图形渲染能力很强大，不过最让人叹为观止的部分在于，它采用了一种叫作"动脑筋"的机制来控制士兵的动作。"动脑筋"本质上是一个内置的素材库，总共有700种动作。配合人工智能部分的"战场感知机制"，游戏中的士兵在特定的场合会自动采用特定的动作。比如：两个步兵班在一条小路上行军，一旦进入敌人阵地，士兵们会立即鞠躬弯腰，采用谨慎的行军姿。至于反击或匍匐前进等，这些反应都无需玩家专门去下达指令。这一切使得模型单位在运动中的表现如同它们静止时一样优异。

应该说任何一款3D游戏，有了高智能的ＡＩ以及真实的物理系统的配合，在营造拟真的游戏世界环境方面都会更有助益。

借用评论文艺作品的一句名言"形式需要为内容服务"。以上列举的都是用来表达形式上的亮点。例如，炮弹被坦克正面装甲弹开，而可以给侧面装甲造成穿透；例如，3人制机枪班，战士们操枪装弹各司其职，绝不是简单的整齐划一。不过这些亮点的落实都离不开Relic开发团队一流的开发技术水平，而对于大多数的开发团队而言则是心有余而力不足。

不过玩游戏不是看电影。《英雄连》抛开开发技术的层面，更有学习价值的亮点在于游戏规则上的设定。

首先，是指挥体制上的设定。不同于《全面战争》系列营造千军万马的战场氛围，《英雄连》只给每一名玩家"连长"的权限，最多是塑造营级规模的战斗。不过这样的设定却更让人感受到战争的惨烈，以及游戏刻画的细腻之处。在很多即时策略游戏中，玩家可以指挥到士兵个人，而在本款游戏中玩家扮演的连长最多指挥到

"班"，这一切反而显得真实。每一兵种都是以"班"（小队）为作战单位，如3人制机枪班，战士们操枪装弹各司其职，绝不是简单的整齐划一。

其次，在后勤供给、资源占领采集这些即时策略游戏必备的元素方面，《英雄连》的规则最让玩家欣赏。

自《沙丘魔堡》问世以来，所有知名的即时策略游戏也都采用了经济资源采集的规则。无论是WestWood的《命令与征服》、微软的《帝国时代》，还是暴雪的《星际争霸》《魔兽世界》系列等都落入"框选民工采集资源，送回炼化建筑（一般是主基地）以获得收益"的窠臼之中。《星际争霸》甚至允许到敌人家门口建主基地，其实这种就地采矿取材的设定已经违背了军事常理。除非玩家只有一处远离矿坑的基地，否则游戏中永远也不会出现运输补给线。如此一来，人类历史上无数因切断敌人运输而赢得胜利的经典战役也就无法得到体现。打仗就是打经济、打后勤，这已成为很多军事家的共识。

而《英雄连》创造性地引入"阵地"的概念。作战地区域分成若干块阵营，每一块阵地都能自动收获不同类型（人力、弹药、汽油）和不同数量的经济资源，只要这些阵地和指挥所相连，就能自动产生效益。这种游戏规则一方面使得玩家不必再进行前面无味的定式型采集操作，另一方面又逼迫玩家必须像实战中的指挥员那样重视交通运输线，所以《英雄连》中那些四通八达，并且有高产出经济资源的阵地就成了兵家必争之地。有了关键性阵地的概念、交通运输线的概念，玩家的战术策略更加多样，人类战争史上很多精彩战役因此也可以进行模拟了。

接下来再讨论一下关于战斗本身的规则细节设定。无论是《命运与征服》，还是《星际争霸》，机枪兵都没有表现出机枪武器的特性——压制性效果。所有的兵种，如坦克和步兵斗志考虑攻击输出，属性相克。而《英雄连》忠于事实地引入"火力压制"的概念。当机枪班手中的重机枪在咆哮的时候，步兵只能被迫匍匐在地上，暂时失去反击能力。左侧机枪碉堡具有射界，在火力射界内部的步兵被压制在树丛附近。

在《星际争霸》等战争策略游戏的攻坚战中，玩家只能用所有生命力量硬拼，而稍有军事常识的玩家都知道在攻坚战打响之前，必须进行炮火准备，步兵冲锋途中也需要伴随火力支援。这一切设定在《英雄连》中都有完美表现，如《英雄连》中非常震撼的弹幕效果（图7-3-3）。其实实现这些规则的技术难度都不高，可惜2010年发布的《星际争霸2》中依然没有压制性火力的设定，以致于让玩家感到震撼的弹幕效果至今也没有出现。

为了达到强化策略性和战术变化性的目的，《星际争霸》采取的手段是：游戏规则设定有明显的兵种相克，如近身攻击的狂热者是人类攻击坦克的噩梦。而《英雄连》采取的武器升级手段则高明很多，如默认的步兵班无法和装甲车辆对抗，但是他们可以选择升级反坦克火箭筒配合合理的地形掩体就能改变自己的被动局面，他们也可以选择升级自动步枪，放弃和战车对抗转而成为软目标杀手。总之，初级兵种也可以根据战场形势的变化而发挥作用。最有趣的是步兵还可以拾取战死者的装备投入战斗。因此，即使拥有了105榴弹炮、88防空炮这类终极武器也不能高枕无忧，它们很可能被对手抢占利用而反败为胜。

图7-3-3 《英雄连》中非常震撼的弹幕效果设计

此外，在《星际争霸》《帝国争霸》这类游戏中，高明的玩家只要明确敌人的种族阵营就很容易制订相对的战术，派发针对性的兵种，而为了弥补规则设计的不足之处，开局菜单中提供了"种族随机"一项。而《英雄连》中，即使玩家明确发现敌人是美军，也无法立即采用既定方针，因为玩家无法从模型外观判断和美军的哪一种连队（步兵连、伞兵连、装甲连）交手，玩家必须先进行试探性接触，才能制订相应的作战计划。而且每一种连队各有所长，只要指挥所尚存，连长积累了战斗经验，就能发挥一些部队的特色战术，如美国伞兵连的空降资源、装甲连的战车抢修等。

总之，《英雄连》的游戏规则具有策略对抗性和战术多样性，而且完全尊重现实战争中的军事常识。

思考与练习

1. 讨论优秀游戏所具有的特点。
2. 分别列举出一些在创意和设计方面优秀的游戏，并分析它们的成功之处。
3. 试玩《植物大战僵尸》或其他益智类游戏，并总结出哪些规则设计给你带来了乐趣。